科学不再可怕

地球会变成垃圾站吗

垃圾成灾

燕　子 主编

哈爾濱工業大學出版社
HITP HARBIN INSTITUTE OF TECHNOLOGY PRESS

图书在版编目(CIP)数据

地球会变成垃圾站吗：垃圾成灾 / 燕子主编. --
哈尔滨：哈尔滨工业大学出版社，2017.6
（科学不再可怕）
ISBN 978-7-5603-6292-2

Ⅰ. ①地… Ⅱ. ①燕… Ⅲ. ①垃圾处理 - 儿童读物
Ⅳ. ①X705-49

中国版本图书馆 CIP 数据核字（2016）第 270712 号

科学不再可怕

地球会变成垃圾站吗——垃圾成灾

策划编辑　甄淼淼
责任编辑　郭　然
文字编辑　张　萍　白　翎
装帧设计　麦田图文
美术设计　Suvi zhao　蓝图
出版发行　哈尔滨工业大学出版社
社　　址　哈尔滨市南岗区复华四道街 10 号　邮编 150006
传　　真　0451-86414049
网　　址　http://hitpress.hit.edu.cn
印　　刷　哈尔滨市石桥印务有限公司
开　　本　710mm × 1000mm　1/16　印张 10　字数 103 千字
版　　次　2017 年 6 月第 1 版　2017 年 6 月第 1 次印刷
书　　号　ISBN 978-7-5603-6292-2
定　　价　28.80元

引言

一则新闻让卡克鲁亚博士皱起了眉头——又一起案件发生了……

是什么样的新闻，让睿智、开朗、幽默的博士陷入了沉思呢？

博士站在窗前，夕阳的余晖已经落下，窗外已是华灯初上。博士转身走到电脑前，点开了一个文件。

只见电脑的屏幕上出现了一张张有关荒漠的图片，其中一些像是废墟的遗址。最后，博士把一张颇具异域风情的美丽少女的照片定格在电脑屏幕上，回头望了望窗外，城市的夜景在各种灯光的映射下，显得格外绚烂。

博士再次回过头来，看着屏幕上少女的图片喃喃自语："如此美丽的城市，不能让它再重复你家乡的悲惨命运了……"

读者朋友不必担心博士的情绪，他走遍世界，见多识广，有着宽广的胸怀。

现在，你是不是很好奇那美丽的少女究竟是谁？还有那则让博士皱起眉头的新闻究竟讲了什么样的案件呢？

那就跟随着卡克鲁亚博士，一起踏上寻找真相的旅程吧！

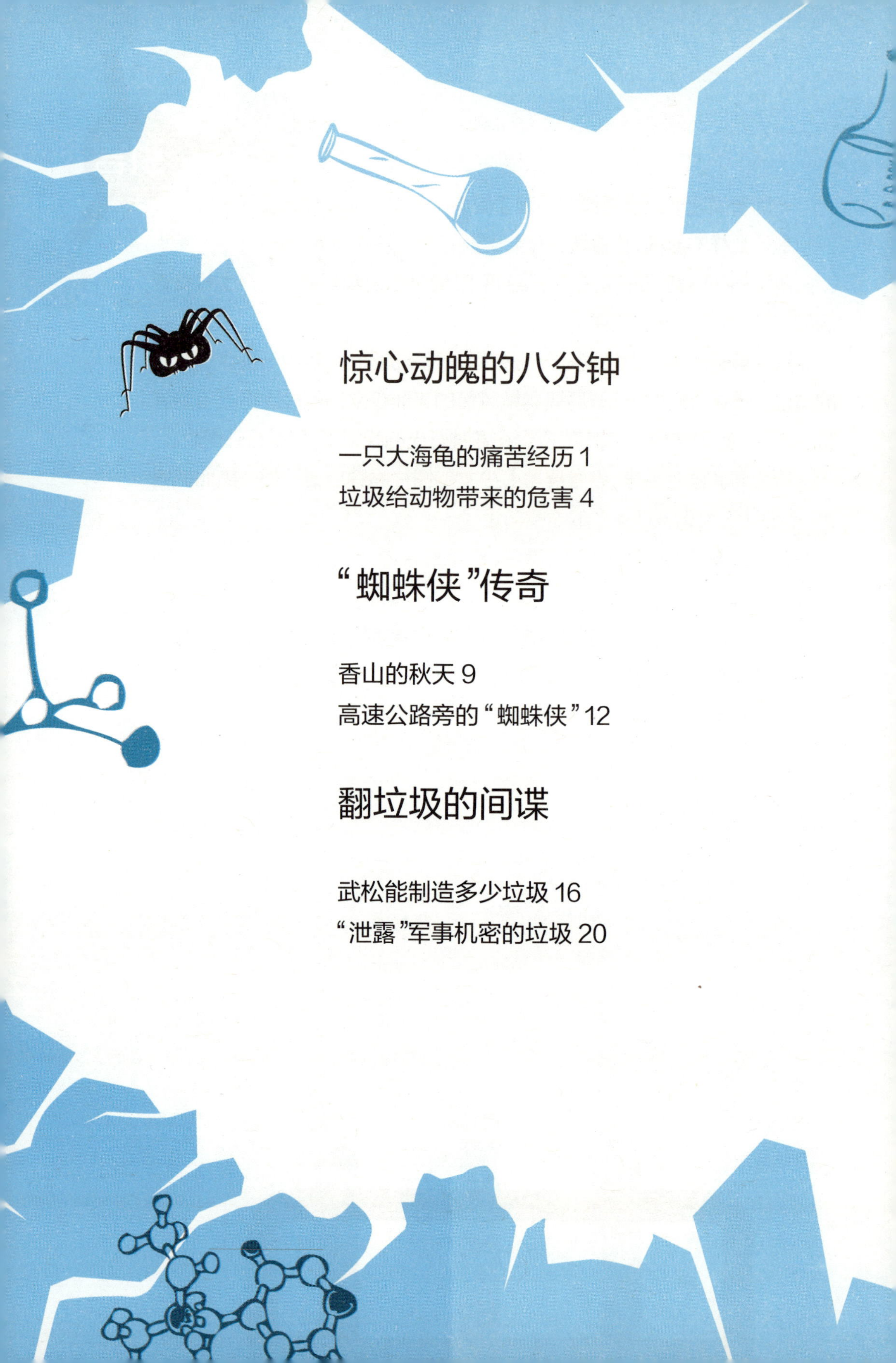

惊心动魄的八分钟

“蜘蛛侠”传奇

翻垃圾的间谍

目录

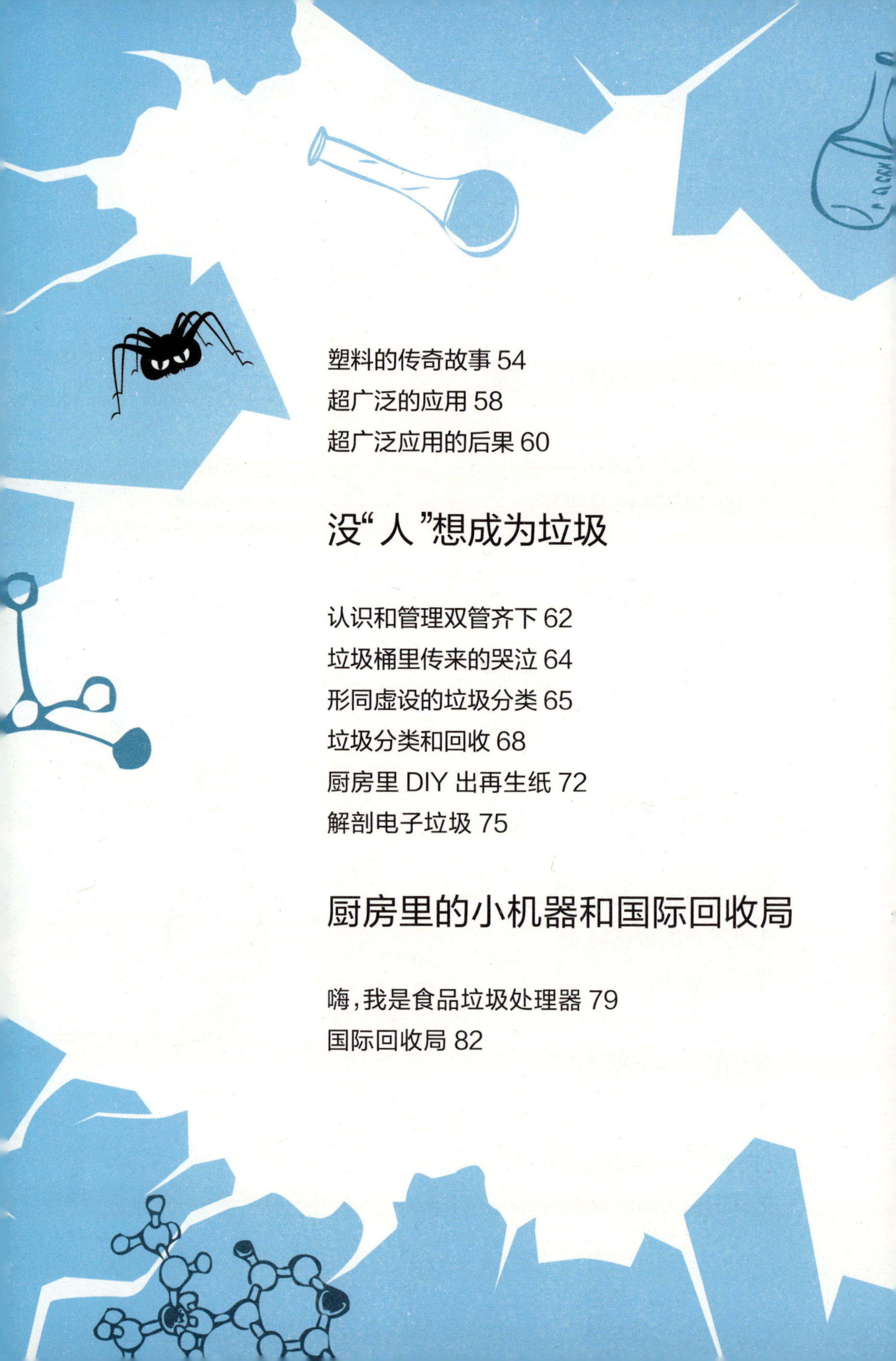

没“人”想成为垃圾

厨房里的小机器和国际回收局

目录

繁华的街头没有垃圾箱

容不得半点马虎的垃圾问题

起死回生之再生纸

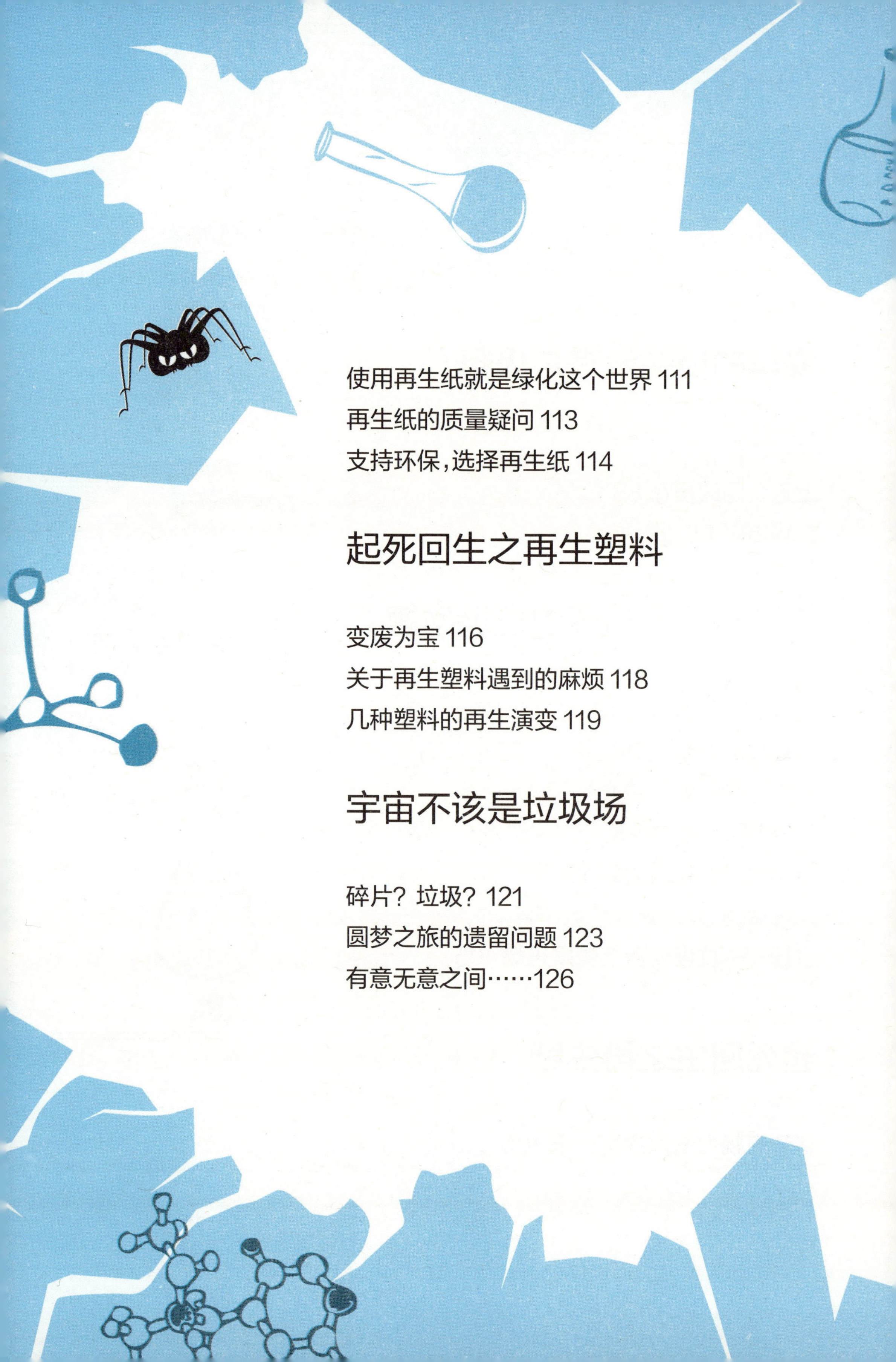

目录

地球只有一个，
请爱护我们的绿色家园。

惊心动魄的八分钟

一天，卡克鲁亚博士在电脑上看了一段视频，看完之后心情很压抑，内心充满悲伤和失望。他推开窗户，深深地呼吸着新鲜空气，为自己的无能为力感到痛苦。一连好几天，他的脑海中都会浮现出视频中的画面，而他也在迫切地寻求着一切能对视频中暴露的问题有所帮助的答案。

真想不到那段视频对博士的影响这么大！你能猜猜那是什么视频吗？

一只大海龟的痛苦经历

视频拍摄的地点是在哥斯达黎加海域的一艘小船上，几个海洋生物科研人员正在全力救治一只奄奄一息的海龟。

视频中濒临死亡的海龟痛苦地喘息着，左鼻孔不断地流出血来。几名生物科研人员正在为海龟做手术，有人按着海龟，确保它不乱动。一个人的手里拿着一把小钳子，试图从海龟的鼻孔中拔出一个异物。海龟看起来相当痛苦，不停地喘息着，试图躲避科研人员的

小钳子。

旁边的一位女士不停地说着“对不起……宝贝……手术完了你会舒服很多的……”我们看到那个拿着小钳子的手，尽可能轻柔地往外拉扯着堵塞在海龟鼻腔里的异物。

周围的人们纷纷猜测这个异物的“真实身份”。痛苦的海龟无法告诉这些人，它的鼻子里究竟是什么东西。大家认为这个让海龟痛苦不堪的异物很可能是寄生虫，大家奇怪这个寄生虫怎么如此之长，甚至有人说异物可能是奇特的海洋生物。

小钳子每拉一下，海龟都会痛苦地闭上眼睛。

随着一小段异物渐渐被拔出来，海龟愈发疼痛难忍，科研人员掐断了那一小段异物，放在托盘里仔细检察。

让这些生物科研人员惊异的是，海龟鼻子里的异物根本就不是什么寄生虫，而是一根吸管！

没错，就是人们平时喝饮料用的吸管！

给海龟做手术的科研人员

愤怒了，他们既心疼这只可怜的大海龟，又对游客乱扔垃圾给动物造成如此大的伤害感到气愤，只要是热爱这个世界的人，谁又能不愤怒呢？

没有人知道这只海龟是什么时候将这可怕的吸管吸入鼻腔的，或许有些年头了。这些年来，这只海龟过着怎样痛苦的生活呢？如果这只海龟没有遇到这些科研人员，没有得到及时的救治，那么它还要忍受这种痛苦多久呢？没有人知道……

用了整整 8 分钟，这些科研人员终于成功地将一根长 12 厘米的吸管从大海龟的鼻腔中取了出来。很难想象在这 8 分钟的时间里，大海龟忍受了多大的痛苦。但它又是幸运的，因为这 8 分钟的痛苦让它重新获得了健康、自由的呼吸。

试想一下，如果一根吸管卡在人的鼻子里，那该是多么痛苦的经历啊！科研人员将救治成功的海龟放回大海，相信这只幸运的海龟还会在大海的怀抱中自由生活很多年。可是在大海的深处，在遍布人类足迹的陆地，还有多少动物遭遇到了这样的不幸呢？人类随意丢弃的垃圾不仅会给自然界的动物造成危害，而且人类也是这些

中国黄喉龟

垃圾的受害者。随着地球人口的增加和工业化进程的加快，人类制造的工业垃圾和生活垃圾越来越多，而人类自己就是元凶。

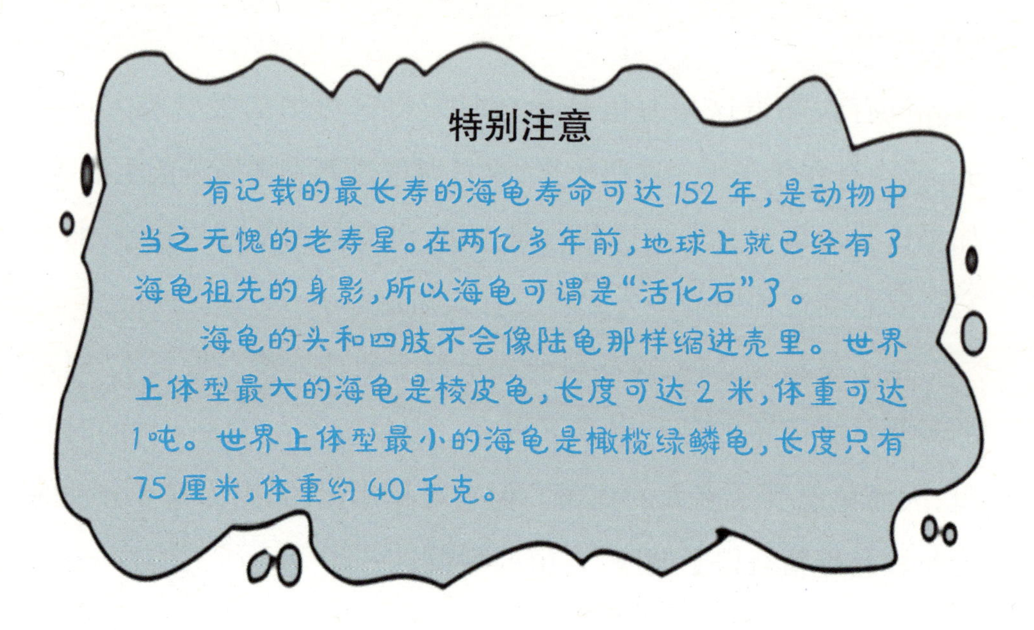

垃圾给动物带来的危害

乱丢垃圾的现象让人气愤，但是这类现象到处都有。那些被人们随意丢弃的垃圾，在丑化环境的同时，还污染着大自然，也给很多共同生活在地球上的其他伙伴带来了巨大威胁。

就拿海龟来说吧，每年到了产卵期，雌性海龟都要返回出生地产下龟蛋。然而科研人员发现，很多海龟不再返回它们的出生地，这原因当然是多方面的，如旅游业的蓬勃兴起使很多海滩成为人类度假的地方，伴随而来的还有各式各样嘈杂的噪声，昔日海龟的家园早已被人类占据，夜晚的沙滩也不再宁静，各种人造灯光也会对海龟的孵蛋活动造成惊扰。此外，还有各种各样的垃圾散落在近海的

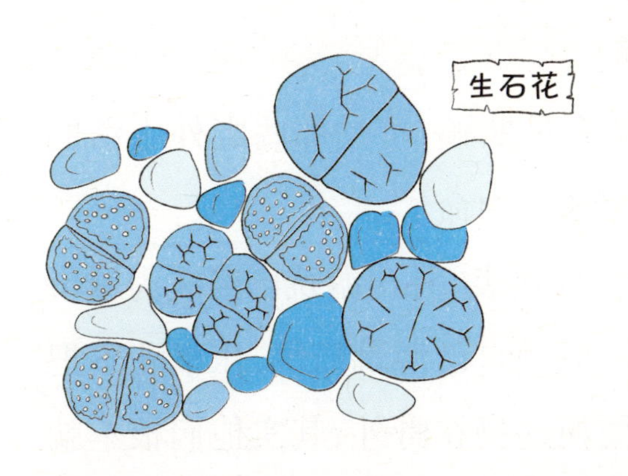

礁石和沙滩上，阻碍了海龟的道路。海龟一旦吃掉垃圾，很有可能导致它们的死亡。

被动物误食的垃圾中，危害最大的是塑料袋，因为它极易堵塞呼吸道，即便侥幸没有堵塞呼吸道，进入胃里，也无法被消化或者腐蚀掉，只会在胃肠里搅和成一团，让动物痛苦不堪。还有人把没吃完的肉串儿之类的垃圾丢给动物，全然不顾那上面还有尖利的牙签或竹签……动物误食垃圾死亡的事情，在国内也屡见不鲜。

每当假期过后，动物园里就会有一大批生病的动物。前些年，在安徽的野生动物园，动物医生竟然从鹿的腹中取出了6.5千克的垃圾！这些垃圾有塑料袋、破布条等，都是游客扔的垃圾。

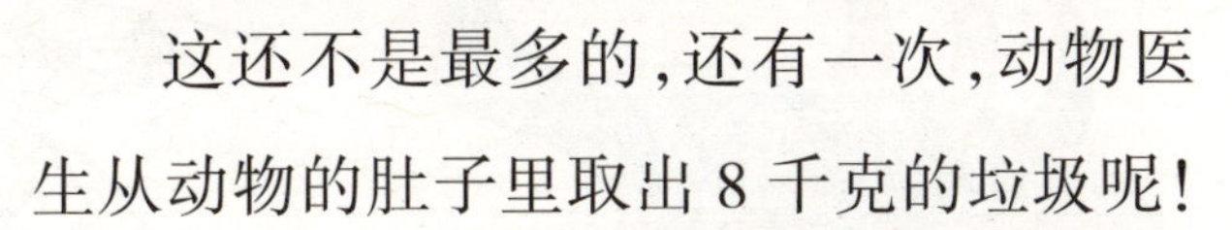

这还不是最多的，还有一次，动物医生从动物的肚子里取出8千克的垃圾呢！这么多垃圾堆积在肚子里，无法消化又不能排泄，时间长了，动物自然就会生病，甚

至中毒而死。可怜的动物朋友啊！

动物园的动物毕竟还有工作人员照顾，可是那些野外生活的动物一旦误食了这些垃圾，就只能听天由命了。

现在很多人都对户外运动非常热衷，外出游玩已经成为城市人们的生活常态。在野外，很多人只顾自己游玩痛快，压根儿不把公德当回事。他们把垃圾随随便便地扔在野外，其实他们根本就不知道，野外原本就是动物的家，你在野外游玩，实际上就是到动物的家做客。反过来想想，倘若有人到你的家里做客，把垃圾乱丢，你会高兴吗？

就是这么简单的道理，但是很多人却不知道。如果大家都能换位思考，就不会有那么多垃圾了。别说是野外了，有些人连自己居住的小区花坛里也都扔满了垃圾。很多人只把自己家当家，只要一

出了自己家的门，哪里都是“垃圾桶”。

除了乱丢生活垃圾给当地的动物造成伤害，还有一些距离野生动物保护区很近的城镇垃圾管理不规范，也给当地的动物造成伤害。细心的你可能会发现，居民生活区里的垃圾桶经常会有一些居住在附近的小动物光顾，翻找食物。它们太饿了，却不知道那些垃圾是不卫生的，而且有可能是致命的。

由此可见，在野外景区和动物园乱丢垃圾的行为应该受到谴责，而如何处理垃圾、如何管理垃圾、如何减少垃圾，也都是我们需要考虑的事情。这当然不仅仅是为了保护动物的安全，更是为了保护人类的生活环境。我们之所以先从动物谈起，是因为动物是无辜的受害者，而人类既是垃圾的制造者，也是垃圾的受害者。我们应该反思自己的行为，积极改进我们的生活方式和社会行为。

人类虽然不会像工厂那样一次性产生大量垃圾，但在一个人的

一生中，逐渐积累出来的垃圾依然是个惊人的数字。有数据统计，在城市中，人均年产出垃圾量可达 500 千克左右。

地球是我们赖以生存的星球，随着人口的不断增加，资源被不断消耗，而垃圾的数量却不断增多。垃圾侵占空间，破坏环境，给动植物都造成恶劣的影响，我们必须正视这个问题。

随着现代经济的发展，中国已经成为世界上最大的塑料制品生产国和消费国。在 1995 年，塑料的全国消费总量已经达到了 1 100 万吨，其中仅用在包装上的塑料就达到了 211 万吨。

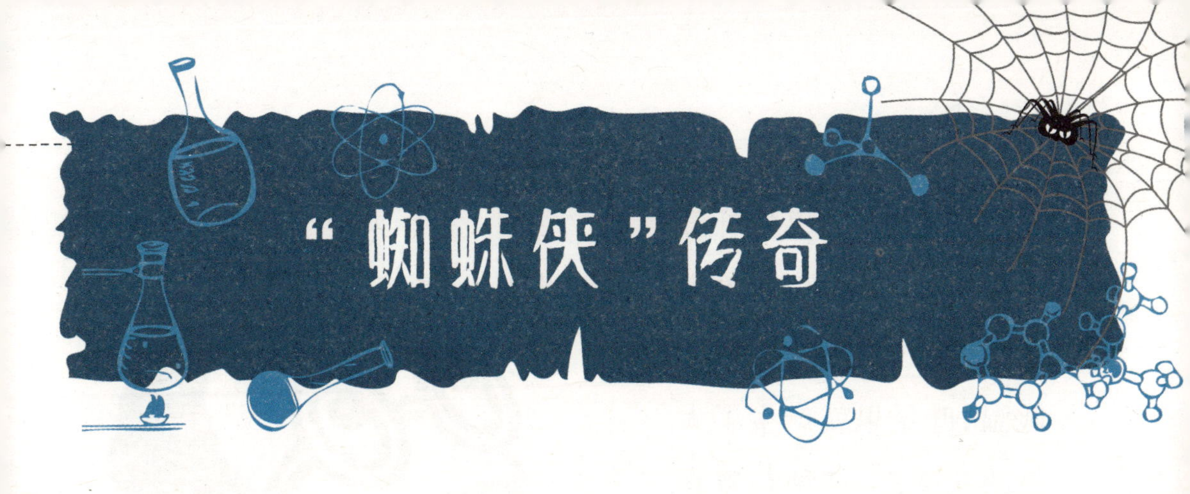

“蜘蛛侠”传奇

国庆节七天的长假，卡克鲁亚博士也加入到外出游玩的大军中。

每到此时，博士的内心总是很激动，他期待着每一次旅行，享受着旅途带给他的快乐和惬意。

游玩归来，博士有哪些收获呢？快让我们去听听吧！

香山的秋天

让卡克鲁亚博士最难忘的就是北京西郊的香山之旅，那里不愧是中国的四大赏枫胜地之一，那漫山遍野的红叶真是太美了，回来后还经常梦到那里的美景呢！

香山红叶

说到红叶，你会想到什么？

说到红叶，你一定会想到秋天，想到秋天的美丽景色。可是为什么香山的树叶都是红色的呢？树叶本身含有叶绿素，到了秋天，

气候转冷，叶子里的叶绿素被大量分解掉，就堆积了大量的葡萄糖，再加上低温，叶子里就产生了大量的花青素，这种花青素本身并没有颜色，但是它遇碱会变成蓝色，遇酸会变成红色。这就是秋天会有红叶的原因了。

香山的红叶树多是一种叫黄栌的树种。黄栌的叶子呈卵圆形，而枫树的叶子则有 5 个尖角。从这个角度来说，香山是中国四大赏枫胜地之一的说法并不准确，应该说是赏红叶胜地之一更准确些！

香山的由来

香山不仅有闻名遐迩的红叶，还有很多名胜古迹。

香山又叫静宜园，距今已经有 900 多年的历史了。元、明、清时期，这里的美景就非常出名了，当时的皇帝为了欣赏美景还在这里修建了皇家园林。1745 年，也就是清朝乾隆十年的时候，清政府在此大兴土木，建成了名噪京城的二十八景，后来又将这些建筑和景观用墙围起来，乾隆皇帝赐名为静宜园。

或许你会好奇，明明叫静宜园，为什么又会叫香山呢？这个“香”，是从嗅觉上感受到的那种“香”吗？当然不是啦！

其实香山这个名字的由来，也是众说纷纭。比较著名的说法有以下两种：

第一种说法是从地理形态上而来，这里最高峰的钟乳石，形状酷似香炉，便称为香炉山，后简称香山。

第二种说法还真是从最直白的嗅觉上出发了。传说在古代，香山上有很多杏花，在杏花盛开的时节，这里香飘四溢，真是名副其实的香山，故因此得名。

不过，所有的传说都是因为一个美好的心愿。有美景的地方如果没有传说，那才是一件怪事呢！

除了秋日里的满山红叶，这里还有庙宇、塔、亭、洞等，妙境无数。著名的燕京八景之一——“西山晴雪”也在这里。西山的风景优美，特别是在雪后，更是妙不可言。唐宋时期，就有很多寺院在此建立，到了金代，有了“西山积雪”这个景观。后来到了元朝的时候，改为“西山晴雪”，明朝的时候又改称“西山霁雪”，最后到了清朝乾隆时期，又恢复了元朝时的名称“西山晴雪”。

山里的雪覆盖了香山的树木和寺院庙宇，周围人烟稀疏……这样的景色是生活在现代大都市里的人无法体会到的。不过不要遗憾，你可以想象，古代的香山是一个真正洁白的、无垃圾、无污染的世界！我真希望现在这里依旧还是一个无污染的世外桃源！

那边怎么有人趴在峭壁上？是为了吸引游客的蜘蛛侠表演吗？

高速公路旁的“蜘蛛侠”

瞧你一副沮丧的样子，被那些“蜘蛛侠”给吓到了吧！

只要到了有山的地方，就能看到“蜘蛛侠”的身影。为了保持景区的优美环境，环卫工人要冒险把自己变成“蜘蛛侠”，捡拾游客乱扔的垃圾，这是一项很危险的工作。

具统计，仅国庆长假的头两天，香山一个景区的环卫工人，每天工作 15 小时，竟然捡回了 6 吨垃圾！如果没有这些“蜘蛛侠”辛苦且危险的工作，香山恐怕要变成“臭山”了。

不过你也不要沮丧，这里有一则报道还是很正面的——《长假首日升旗仪式后，天安门广场零垃圾》。

不过再继续往下面看：每天 565 人次的保洁人员，做到随脏随清，确保垃圾滞留时间不超过 5 分钟！看到了吗？零垃圾是靠环卫

工人高强度、高密度的工作才做到的。当我们在欣赏大自然美好景色的同时，正是这些默默奉献的环卫工人——“蜘蛛侠”，在用自己的生命为我们换来清洁、舒适的环境。为什么人们就不能意识到这一点呢？

咦？这里有一张报纸，报纸上还有一张照片，照片上的一男一女正在高速公路两旁寻找着什么。

图片下面的报道说这两人驾车在高速公路上行驶，妻子开车，丈夫就在车里吃菱角。吃了菱角，剩下一堆壳，这位先生就随手扔到窗外，可是刚扔出去，这位先生就后悔了。

是不是这位先生意识到自己的行为是错误的，所以后悔了？

结果当然不是，我们都太天真了！这位先生如果会后悔，就压根不会随手乱扔垃圾了，而且还是在高速公路上。让他后悔的是，他随手一扔，竟然把手上戴着的几千块钱的戒指一下给甩出去了。于是他们停下车，在高速公路两旁拼命地寻找……

哪有那么容易找到！高速公路上的车速很快，他扔得又那么“给力”，估计找到的希望就两个字——渺茫。不仅如此，他乱扔垃圾，又在高速公路上停车，罚款和扣分都是免不了的了。

乱扔垃圾屡禁不止，景区的管理人员无奈之下，只好想出了一些办法，如游客可以拿着一袋垃圾到管理人员那里换取一个小小的绿色盆栽，或者一袋垃圾换一瓶矿泉水。

可惜这些都是治标不治本的无奈之举啊！还是要立法，要让每一个人都遵纪守法。好好的一个长假出游，看到的除了人头攒动，就是为了给这些随心所欲的游人“善后”，而不得不在悬崖峭壁上危险工作的环卫工人。年年的长假都是如此，什么时候能有一个不这么沉重的假期呢？

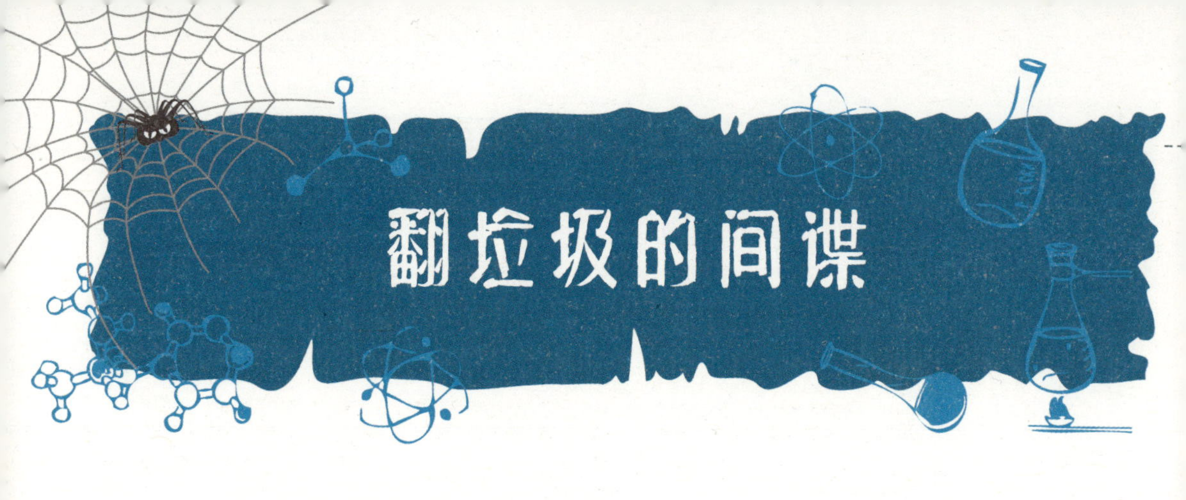

翻垃圾的间谍

你能说出垃圾究竟是什么吗？

每个人都认为垃圾不过是一些没用的、可以扔掉的东西，但是每个人认定有用和无用的标准并不统一，所以垃圾只是个模糊的概念。这就是说，不同的人、不同的时代，垃圾的定义实际并不相同。

武松能制造多少垃圾

从“垃圾”这两个字的字形看，它们都有个土字旁，因此可以推断，最初对垃圾的认定是和尘土有关的，而尘土的意思就是脏了。

你可以想象一下，古代人的垃圾会是什么样？

如果穿越回到古代，可以选择成为某人的话，打虎英雄武松应该是个不错的选择。让我们来看看堂堂的大英雄武松一天会产生多少垃圾吧！

我们就按照小说里的描述来推演武松的一天。小说里描述的武松经常奔波在路上，白天赶路，晚上住店。长期奔波肯定是很费鞋的。这不，大清早起来，武松就发现鞋底有个破洞，不能再穿了，只好扔掉。

然后是每日晨起必做的事情——上厕所。洗漱过后，就是早餐时间。想必武松这样的大块头，力气十足，食物也没什么可以浪费的，早餐也都吃光了。然后武松收拾了包裹，提了哨棒，和店家结算了房钱，就出发上路了。

这天的晌午，武松来到了阳谷县地界，距离县城还有一段路程，武松却感觉到腹内饥肠辘辘。恰好路边有一个酒馆，店门口高挑一面旗子当作招牌，上面写着五个字——三碗不过冈！

腹内饥饿的武松走入酒馆，叫店家快快上酒。这顿饭，武松先后两次分别要了 2 斤熟牛肉，一共喝了 18 碗酒。就凭武松的力气和饭量，饭桌上应该没剩下什么，酒就更不用说了，没有这 18 碗酒

垫底，就没有《武松打虎》这个故事了！

想破了头，也想不出武松还能产生什么垃圾了。除了几个月可能一换的鞋袜和衣服，武松每天必须丢弃的东西除了必要的新陈代谢还真不多。

这是在古代，或许时间太久远，现在就说说时间比较近的年代吧，比如20世纪80年代的中国城市居民，每天都扔些什么垃圾呢？

那时候的人们，生活水平还不高，所以很少有浪费的现象，所有食物都会加倍珍惜。就拿一棵最普通的大白菜来说吧，勤俭的主妇会想尽办法将这棵白菜的每一个部分都利用上，一点儿也不浪费：比较粗糙的白菜外层叶子会用来炖菜，里面鲜嫩的白菜叶子会用来炒菜，白菜心特别适合凉拌，或者是做成现在比较时髦的沙拉。这可真是物尽其用了。

现如今，人们的生活水平提高了，很多人把白菜一扒再扒，恨不得只吃白菜心。其实这样做无论是从节约的角度，还

是从美食的角度来讲，都有很多弊病。

那时候的城市家庭会产生多少垃圾呢？

由于那时候的生产能力有限，物质种类单调，人们的收入也很低，几十年前的城市垃圾也比较少，家家户户浪费食物的现象几乎没有，所以实际上的“厨余”并不多。那时候，每天晚饭后，家长经常会对孩子说：“去，把灰倒了。”这个“灰”就是一个家庭最主要的垃圾，也就是每天烧火做饭或取暖所产生的煤灰。而煤灰可以回归自然，不会破坏环境。

那时候的人们，生活可真称得上环保了。那么我们是不是要提倡回归过去那种物尽其用的生活方式呢？

当然不是！社会的进步体现在物质生活的丰富和生活水平的提高上。过去的那个时代，由于物质匮乏和收入偏低而形成的生活习惯虽然有好的一面，但是那也是时代背景下无奈的选择，而且由于技术落后，资源不能得到有效的、全面的利用，对资源来说也是一种浪费。

你一定会问：“那我们现在应该怎么办呢？”随着人们物质生活水平的提高，生活垃圾和工业垃圾也逐年增多，这就涉及垃圾处理的问题。过去那些垃圾大部分都是找个地方填埋，但是随着垃圾种类和数量的增多，特别是难以降解的塑料制品广泛应用后，别说没有那么多地方可以堆放或者掩埋，就是有，由于无法降解的垃圾太多了，给垃圾找个“家”也变得越来越困难！

现在的人进了餐馆，点的菜几乎很少能吃完。在家庭生活中，食物浪费的现象也很严重。有研究表明，中国餐饮业浪费的食物，可以作为2亿人一年的口粮，再加上日常生活造成的食物浪费，加起来能保证3亿人一年的温饱。

“泄露”军事机密的垃圾

如果看到有人翻捡被人们丢弃的垃圾，你会怎么想？肯定以为这是收废品的人在寻找有价值的东西吧！

不过假如你是个从事重要工作，比如研发重要的科技项目或者从事和国家机密相关工作的人，如果有人如此“热情”地翻捡你的垃圾，那你就要小心了，因为你丢弃的垃圾很可能会泄露机密。

你可别不相信哦！

这是发生在1970年，也就是“冷战”时期的事情。当时的苏联发明了一种新型的远程轰炸机，美国中央情报局的情报人员绞尽脑汁想刺探相关情报，经过艰难的搜寻，总算掌握了一些情报，但是有关航程和载弹量方面的情况，却还是毫无头绪。

要想搞清楚这些情况，就要弄清制造这种飞机的合金材料是什么。这可是当时苏联的顶级机密，想得到哪有那么容易！

一个晴空万里的日子，一架苏联班机徐徐降落在维也纳某机场，一位身着深蓝色西服的男子走下舷梯。没有人知道，这位叫沃克的美国人，其实是美国中央情报局的一名特工。

沃克表现得和其他游客一样，表情轻松愉快，但心里却无时无刻不想着他的任务。

乘客们陆续走下飞机，机场的地勤人员按照惯例开始打扫卫生。沃克却并没有随着乘客离开停机坪，而是故意将随身携带的旅行包撕破，让包里的东西散落一地。他就在那里慢慢地捡东西，随后蹲在舷梯旁不慌不忙地修理起他的旅行包来。

这时候，一位地勤小姐提着一大包垃圾走下舷梯，沃克双手一摊，一副无可奈何的表情对这位小姐说："哦，我可真够倒霉的，旅行包破了，您能否帮帮忙呢？"

地勤小姐找来一根绳子，帮沃克把旅行包系上。沃克感激地说道，"太谢谢你了，这样吧，

我就帮你把这袋垃圾送到垃圾站吧！”他一边说一边顺势接过地勤小姐手中的垃圾袋。地勤小姐感激地道谢，心里大概还觉得这位先生真是一个好人。她无论如何也没想到，就是这么一个小小的举动，就把一个天大的秘密泄露给了她心中的这位“好人”。

沃克拿着这袋在别人眼里分文不值的垃圾，如获至宝地放进自己的沃克汽车中，然后风驰电掣般地把汽车开走了。

回到住处，沃克就迫不及待地把垃圾倒出来，不放过任何一个细小的物件，仔细、认真地在垃圾中搜寻可能有价值的东西。忽然，沃克的眼前一亮，按捺不住心中的兴奋和激动。你猜他发现了什么？让沃克喜出望外的东西既不是钱，也不是首饰，原来他发现了一个挂衣钩！

沃克知道，制造机翼的时候会切下来很多碎屑，这些碎屑经过重新熔炼后，往往被制成飞机上用的挂衣钩，所以这种挂衣钩的材质，就有可能和苏联远程轰炸机的机翼材料是同一种。于是他小心翼翼地把这个挂衣钩包好，迅速将这个东西交给了他的上级。几天后，这个特别的挂衣钩就到了美国中央情报局总部，一群情报人员和专家如获至宝地开始了对它的研究分析。最后，他们就是通过对这个挂衣钩材质的分析，终于搞清了苏联远程轰炸机的航程和载弹量。

一个小小的挂衣钩就泄露了这么重要的机密。当时的苏联情报部门如果知道这件事，估计要气死了！

间谍战就是这样，这次你胜我一筹，或许下次我会以同样的方法再扳回一局。

不知道是不是受了美国人的启发，苏联间谍也盯上了美国人的垃圾，不过这次的主角却的的确确是一个捡破烂的人。

1982 年的一天，联邦德国的情报机关抓获了一个名叫施耐德的间谍。不过这个施耐德看起来很迟钝，傻里傻气的，穿着也非常邋遢，无论如何也不像个间谍。

就是这么个人，竟然潜伏在联邦德国境内的一座美国军火库中长达 12 年之久，窃取了大量的军事机密。这座军火库位于联邦德国的法尔茨，储备着最新式的秘密武器和最先进的电子仪器。

让人万万没想到的是，施耐德并不是从档案柜里窃取情报，而是从垃圾堆里翻找军事机密。

从 1970 年起，施耐德就在这里当勤杂工。他的工资实在是少得可怜，每月只有 1 800 马克，只能勉强维持一家人的最低生活水平。为了补贴家用，他常常在下班后顺便在军火库的垃圾箱里捡点破烂拿出去卖。

施耐德原本只是为了生活捡点垃圾，但他的这种养家糊口、迫不得已的行为，却引起了当时民主德国的情报机关的注意。他们派人伪装成旧货商，高价收购施耐德捡来的破烂。很快，他们就成了施耐德的老主顾。不明就里的施耐德倒是挺高兴的，这样毕竟能多赚些钱嘛！

直到有一天，当施耐德把从垃圾箱捡到的美军士兵丢弃的破烂拿到旧货商那里的时候，旧货商却板起脸来，说：“我想收购的不是这些破烂，而是含有情报价值的‘破烂’，你愿不愿意干？如果你不愿意干，我就去告发你，说你以卖破烂为名，提供了不少情报！”

施耐德明白了，自己是上了贼船了，不过为时已晚。

旧货商告诉施耐德，只要他能按照要求交货，每次可以得到1 000马克的酬金。这比他原来单纯地卖破烂的收入要高出很多倍了。

施耐德当时应该是处于很尴尬的境地，不干，会被告发；干了，虽然有收入，但早晚也是个麻烦！

从此以后，施耐德每隔两周就把精心挑选的“破烂”用漂亮的包装纸打包成礼物的样子带到东柏林，送到指定地点，然后打电话通知接头的情报人员来取。就这样，施耐德整整向民主德国的情报机关送了将近12年的“破烂”。

你可别小看这些“破烂”，这其中可是大有乾坤的。

有一次，施耐德甚至在垃圾堆里找到了整整三大本美国新运到联邦德国的“鹰式”地对空导弹的使用说明和维修须知，这可是一份“大礼”！

为此，当时民主德国的情报机关还发给施耐德一枚银质勋章和一大笔奖金。但这些并没有让老实巴交的施耐德开心，这时候的他已经快60岁了，他渴望过正常人的生活。随着妻子病逝、女儿离家出走后，他更想结束这种心惊肉跳的生活。

不过事情可没想象的那么简单！

一旦陷进去，想抽身哪有那么容易！没办法，他只能继续干着搜集“破烂”的秘密工作。不久以后，他就被逮捕了。1983年，施耐德在法庭上供认，在他将近12年的“破烂间谍”生涯中，通过捡垃圾向民主德国的情报机关交送了包括“北大西洋公约组织”驻欧洲的兵力部署，北约国家武器弹药的库存清单，美国在西欧储存的各种导弹武器的规格、数量和使用方法，以及美国在这个最大的军火库中的武器储备情况，几乎囊括了这座军火库的全部秘密！

施耐德的情报对北约造成了重大损失！

从垃圾里翻找情报，听起来一点儿都不酷，但是的确很有用。

破砖碎瓦的新生活

建筑垃圾是垃圾中的一个特别种类，在一个相对成熟的城市，建筑垃圾的产出不会很多。如果一个城市有大量的建筑垃圾出现，说明这个城市正在飞速发展和变化着。

中国从改革开放至今已经有30多年了，这30多年的时间里，中国发生了翻天覆地的变化。就拿深圳为例，20世纪70年代末的深圳还是一个小渔村，随着改革开放的脚步，深圳迅速崛起为一个现代化的大都市。

扒一扒建筑垃圾的那些事儿

像深圳这样完全是在"一张白纸"上建起的城市，在建设的过程中当然不会产生很多建筑垃圾，然而那些正在发展中的城市，在改建和扩大的过程中，就会不可避免地产生很多建筑垃圾。

拆掉旧楼再建高楼，原来的建筑就成了破砖碎瓦。

建筑垃圾虽然看上去乱糟糟的一大堆，但是实际上，它们并不属于真正的垃圾。因为只要稍加处理，它们就能够换个方式、换个地方“大显身手”了。

这些建筑垃圾在运到处理场所之后，可以先进行分类，比如金属材料和木质材料以及塑料类可以直接分送到相应的回收公司进行处理。

当然，这类能够直接利用的建筑垃圾，看起来远不如那些大块的、废旧的混凝土，破旧的砖块和石头多。别以为这些看起来被拆得近乎“惨烈”的家伙们就此“寿终正寝”了，只要用大型设备，如破锤或者破碎机，把这些看起来还不如残垣断壁的东西处理得再小一些，大概小于 10 厘米，然后再用石料粉碎机对这些小于 10 厘米的家伙们进一步粉碎，让它们变成更小的石子和沙子。

原来一大块一大块的家伙们，现在已经足够小了，接下来就是通过筛分，按照大小把这些变小的家伙们进一步分门别类，让它们成为符合建筑用料标准的粗石子、细石子，以及粗沙子和细沙子，甚

至是泥沙。

在一个外行人看来，这些没什么了不起的，但你可别忘了，我们所仰视的高楼大厦，原本就是由这些不起眼的材料建造而成的。

这些原本被拆除的建筑材料经过加工，就成了再生材料。这种再生材料和新材料的作用并无差别。

下面让我们来看看建筑垃圾是如何再生利用的吧！

废弃的建筑混凝土和砖瓦石块可以生产建筑粗细骨料，还可以生产砂浆、地砖、墙板等。这些粗细不同的骨料在添加相应的固化类材料后，还可以用于铺设公路路面的基层。

就连最不起眼的渣土也有利用价值。无论是筑路还是打地基，这些东西都有它们最质朴却也是最不可缺少的作用。

至于那些从原来的建筑上拆下来的废旧木材，“状态良好”的可以直接用在新建筑上，这样可以省下很多木材，少砍伐很多树。而那些破损严重的木料，在经过加工后，会变成木质再生板

材，或者成为用来书写的纸张。

又要修路了，原本的旧路被刨开，变成了一块块丑陋的家伙，不过它们也不会伤心太久，因为它们很快就可以按照一定的比例重新配制，成为再生沥青混凝土，投入到新的岗位上。

至于那些看上去“狼狈不堪”的旧钢筋，只要一回炉，就如浴火凤凰一般，重生为崭新的、闪着金属光泽的有用家伙了。

在建筑垃圾的回收利用方面，太原炼钢厂的李双良就是一个成功的典范。他率队将炼钢厂的废渣回炉炼钢，把残渣粉碎制砖，用于盖房、铺路等。

总之，建筑垃圾的再利用是显而易见的。比起那些豆腐渣质量的新材料，这些经得住多年风吹日晒的老家伙们，或许有着更为坚

固的本质,当然前提是加工得当。

不知所措的装修浪费

前面就有一家人正在装修,走！进去看看！

咦？这是在装修吗？怎么感觉跟遭劫了似的！瞧瞧,新马桶砸了！新瓷砖碎了！新墙面也被弄得乱七八糟……这哪里是装修,分明是搞破坏！

卡克鲁亚博士急忙询问业主,原来事情是这样的:很多二手房在出售后,新的业主都会对其重新进行装修,因为之前的装修或者太简单,或者不是他们喜欢的装修风格,结果之前的那些还算崭新的东西,就必须处理掉,所以就无端地产生了这么多垃圾。

装修产出的垃圾依旧不可忽视。问题是多数人并不知道该如何处理这些装修垃圾,它们大多也都是被送到垃圾站,和那些烂菜烂水果以及其他垃圾混在一起了。

装修垃圾的处理方式一般有三种：一是由物业作为建筑垃圾代为处理，但物业是要收费的；二是请装修公司处理；三是废品回收，因为装修产生的垃圾，有很多是上好的回收材料。

现在各地对建筑垃圾的处理比较系统和规范，但对于装修垃圾还是缺乏统一的管理，而且凡是和这事儿沾边的部门，收费也并不规范，这也导致了不少居民不知道该如何处理这些装修垃圾。

人类从开始直立行走，到建造房屋，形成人类聚集地，经历了漫长的历史过程。在文明的发展、演化进程中，随之而来，也出现了一些不文明的社会现象，比如乱扔垃圾。

太多区别于动植物产生的垃圾，难以被自然消化，对环境造成了极大污染。

从地上到地下的垃圾之家

最初，垃圾处理还不算什么大问题，只需要找个空地一堆，更进步一点的方法就是掩埋。这种最原始的方法到现在也依然在使用。但是，这种原始的垃圾处理方式相对于经济飞速发展的今天和不断产生的新型垃圾，显然已经是过时的手段了。

如果在武松生活的年代，堆放的垃圾无非是残羹剩饭，中间也许掺杂破衣烂衫，还有烧火做饭和取暖产生的草木灰、煤灰……在没有化纤织物的年代，这些东西多是能在自然环境下慢慢降解的。

当然了，垃圾的直接堆放会带来二次污染。无论哪个时代的垃圾，如果露天堆放，都会引来一些“不速之客”，比如苍蝇、蚊子、老鼠……它们不仅会让原本乱七八糟的垃圾变得更加恶心，而且还会传播疾病。

无论如何，垃圾露天堆放在那里，任其腐烂是件让人不愉快的事情，更何况现在的垃圾堆越来越多！

于是，一个“更深层次”且没那么复杂的办法很快出现了，那就是掩埋。除了操作起来麻烦一点，它看起来远比直接堆放好很多，而且从表面上看，似乎也“美”了不少！

埋起来还真是“眼不见为净”了，而且埋得深一些，苍蝇和老鼠似乎也失去了“用武之地”。难道埋起来就真的没有后顾之忧了吗？

倘若还是仅仅产生有机垃圾的年代，埋起来也算是个解决问题的办法。毕竟那个年代的垃圾都是能被土地“消化”的，但现在的大部分垃圾不仅不能被“消化”，还会破坏生态环境，而且随着科技

的发展，这样的垃圾越来越多。即便它们都能被消化，但现在产生垃圾的速度之快、数量之大，也容不得自然慢慢地“消化”了。

一点不耀眼的垃圾新时代

现在，吃出来的垃圾也不是当年那些了，你可以想想武松吃的东西，再和你自己吃的东西比较一下，是不是就明白了？

现在人吃的东西远比武松那个时候丰富多了，淀粉类、食物纤维类、动物脂肪类……现如今，尽管大家都提倡低脂肪、健康饮食，但不得不承认，之所以这么提倡的原因，还是因为现在人们的生活水平有了很大的提高。

翻翻垃圾堆，里面的纸制品数不胜数，还有各种各样的塑料制品、金属制品、玻璃制品、废电池、灯泡、日光灯管、充电器、药品、装过农药的瓶子、旧衣服、破鞋、烂袜子等，简直是臭气熏天，不忍直视！

如此“花样繁多”的垃圾种类以及日益增多的垃圾数量，堆放和掩埋别说是治本，就连

治标也显得跟不上形势了。

堆放太占地方了！掩埋？鉴于土地对垃圾的“消化”程度，即便依旧正常消化，可是太多垃圾的产生，还是让土地“吃不消”！无论是明目张胆地堆放，还是地下暗暗地掩埋，都是在和人类，也是和地球上的其他动植物抢夺地盘。

这些仅仅是表面问题，更深层次的问题还在地下险恶地进行着，那就是对土壤和地下水的污染。

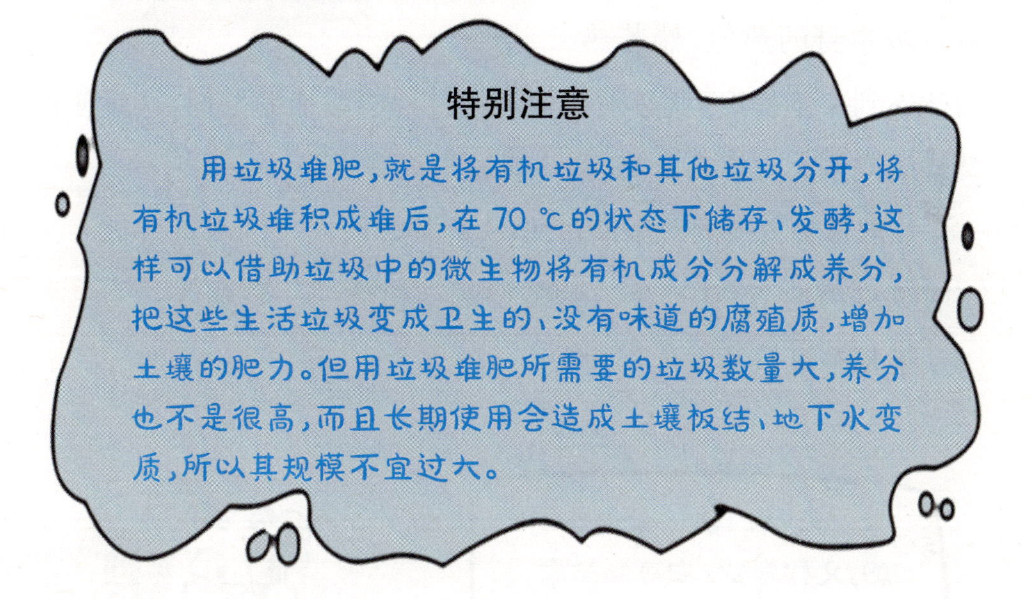

特别注意

用垃圾堆肥，就是将有机垃圾和其他垃圾分开，将有机垃圾堆积成堆后，在 70 ℃的状态下储存、发酵，这样可以借助垃圾中的微生物将有机成分分解成养分，把这些生活垃圾变成卫生的、没有味道的腐殖质，增加土壤的肥力。但用垃圾堆肥所需要的垃圾数量大，养分也不是很高，而且长期使用会造成土壤板结、地下水变质，所以其规模不宜过大。

付之一炬就能一了百了吗

无论堆放和掩埋能达到多高的“境界”，咱们都先放一放。看看除了这两种方法，还有什么方法呢？下一个看起来一了百了的做法，就是一把火烧了它！

这里所说的“烧”，不是指露天来一把火的那种，而是指垃圾焚

烧。垃圾焚烧就是把垃圾放在高温炉中，让垃圾中原本的可燃成分充分氧化，而燃烧产生的热量则用于发电或供暖。

这个办法听起来是不是还不错？不过垃圾焚烧还要看垃圾本身的热值，倘若热值达不到一定程度，就必须在焚烧的过程中添加助燃剂，这就使得焚烧的成本大大增高，增高到一般城市很难承受。

虽然这种方法的费用很高，但这种焚烧所产生的有毒气体——二噁英更可怕，还会产生一种焚烧的衍生物——汞蒸气。

汞是个可怕的家伙！

如何让垃圾变成对人类有用的能源？有这种想法的人很多，也早就有人试着把这样的想法付诸实践。于是一个名词诞生了——垃圾汽化。人们期望能用这种办法解决日益增多的各种垃圾。

无论是不是通过等离子技术的垃圾汽化，都需要在封闭的燃烧空间里，通过对垃圾的高温加热而进行。不过这样的过程几乎都发生在无氧的状态下，垃圾中的有机成分并不会燃烧，而是转化为一氧化碳和氢气的合成气。这样的气体经过过滤和化学“清洗”后，可以去除有毒颗粒和气体，经过燃烧后产生能量或转化为诸如沼气和乙醇类的燃料。经历这一系列过程后，最后只剩下了灰尘、过滤残渣和清洗过程遗留的化学物质，再经处理后就可以掩埋或排入下水道。

用这种燃烧方式处理垃圾，无论是否能发电，它的技术问题都需要进一步提高。当然，提高的关键是针对费用和毒性的。

卡克鲁亚博士刚刚提到的二噁英，你知道吗？

早期的垃圾焚烧炉利用燃烧产生蒸气，然后驱动涡轮机，再带动发电机发电。而垃圾汽化比焚烧产生的能量更多。如果在合成气中添加超高温电弧等离子体之后，还可以产生更多的能量。等离子汽化时的温度可达 10 000 °C，而普通汽化的温度则是 1 600 °C。

你了解二噁英吗？知道它究竟是什么样的“魔鬼”吗？

如果从专业角度讲，恐怕不只是你，其他人也许不是睡着了，就是闪人了，所以就给大家通俗地说说它吧！

复杂而可恶的家伙

二噁英的毒性到底有多大？

据研究，二噁英的毒性是“现代毒王”氰化物的 130 倍，和“古代毒王”砒霜相比，更是达到了砒霜的 900 倍！这就是它恶名昭彰的原因。

说到二噁英的恶名，还真要感谢汉字的表达能力。一个“噁”字，让人知道了这家伙的剧毒性质，而这个“二”，则表明了它的组成性质。

它到底是什么样的“魔鬼”呢？不只是你，估计大多数人都会疑惑。

二噁英的另一个名字叫二氧杂芑(9 个)，它并不是一个独立的

"个体",而是一个有毒的"团队"。它是由一些结构和性质相似的同类物或者异构体的两大类有机化合物组成。

这么说还是太专业了,你还是没理解吧?

那就从名字上解释吧!首先要有名字里并没有体现出来的"氧",接下来很重要的就是要有"氯",然后就是"苯环"。二噁英就是一个由多种物质组成的一系列化合物,而且是个很"可恶"的家伙,有"氧",有"氯",还有六边形的"苯环"。怎么样?是不是容易理解了?

不要灰心,慢慢理解,卡克鲁亚博士再说两个专业名词,一个叫多氯二苯并二噁英,另一个叫多氯二苯并呋喃,是由一个或者两个氧原子和两个被氯原子相联结取代的苯环。

因为二噁英的特殊性,实际上仅多氯二苯并二噁英就有多达 75 种异构体,多氯二苯并呋喃则有 135 种异构体。而对于二噁英的总体,实际上包括了多达 210 种化合物。

所以二噁英的问题,还

真的很“复杂”哟！

二噁英不仅复杂，而且毒性也很大，在自然界很难被降解消除，所以一旦产生，就成了名副其实的“顽固派”，赖在那里祸害人了。

无处不在的致癌物

给不熟悉化学科学的人解释二噁英，的确是件很不容易的事。但如果说它和癌症有着很密切的关系，相信大家的注意力一下就集中了，而不是想着如何尽快闪人了。

提到二噁英，总是会和“癌”联系在一起。国际癌症研究中心已经将它列为人类的一级致癌物质。

实验证明，二噁英一旦进入人体，就会“赖”在那里不走，同时对身体的各个器官和系统进行毫不留情的伤害。更糟糕的是，它特别容易在食物链中“扎堆捣乱”。

食物链，我们并不感到陌生。在自然界中，有些动物以吃植物为生，还有一些食肉动物以吃草食动物为生。而人类属于杂食动物，当然是荤素通吃。现在想象一下，二噁英如果进入了植物体中，那么那些食草动物就摄入了这种可怕的物质，而食肉动物又通过吃这些已经在体内有二噁英的食草动物，也间接地摄入了这种可怕的物质……至于人就更不用说了，不管你是吃素还是吃荤，或者二者通吃，只要食物里含有二噁英，麻烦就来了。

有一种可怕的说法：在食物链中，对动物食品的依赖程度越高，二噁英积累的程度也可能更高。

这是因为二噁英包括多达210种化合物质，它们的化学性质都很稳定，熔点都比较高，而且都难溶于水。但是它们却能溶于大部分有机溶液，溶解后形成无色无味的脂溶性物质。这也是它们非常容易在生物体内积累的原因。所以才会有“对动物食品的依赖程度越高，二噁英积累的程度也可能更高”的说法。

虽然这种说法不能百分之百的定论，但是它的确是目前比较流行的一种说法。科学是不断发展和进步的,也许以后能探索到更确切的真相,但二噁英进入人体的主要通道的确是食物。

你猜猜,二噁英在进入人体"捣乱"之前,究竟在什么地方"逍遥自在"呢?

环保专家的研究表明,二噁英总是以极其微小的颗粒混迹于大气、土壤,甚至水中。它们的主要来源是化工冶金工业和垃圾焚烧,以及造纸和杀虫剂的生产。我们在日常生活中使用的胶袋、含有聚氯乙烯等物质的材质,同样含有氯。现在你已经知道,二噁英的产生是离不开氯的,于是问题就来了,这些聚氯乙烯材质的东西变成垃圾后,就有可能被燃烧处理,这时候,二噁英就堂而皇之地产生了,并在空气中"逍遥自在"地游荡着。

有这样一种说法,大气中存在的二噁英,其中有90%来源于城市和工业垃圾焚烧。听到没有?90%啊!

人们还以为焚烧垃圾是一劳永逸的办法,却不料有形的垃圾虽然看不见了,但是这无色无味的、更可怕的家伙却被释放出来,好似"潘多拉的盒子"一般。看来垃圾的处理问题还是需要一些更好的办法。

垃圾只会增多而不会减少。即便我们尽可能地减少垃圾的产出,但是一再的积累,还是会让地球上的垃圾越来越多。所以追根溯源,最根本的还是要加紧研究垃圾处理的更环保的办法。

卡克鲁亚笔记

二噁英有着明显的免疫毒性。当动物摄入二噁英后，胸腺萎缩，细胞免疫和体液免疫功能统统降低，而且它对人和动物的皮肤也有着极大的伤害，会导致皮肤角质化过度，发生色素沉着和氯痤疮，同时还会让男性的血清睾酮降低，最可怕的后果是会让男性变得女性化。二噁英还会经由胎盘以及通过哺乳严重影响胎儿和婴儿的健康。

“噁”之祸

鸡的悲剧

2011年1月，德国政府下令关闭了将近5 000家农场，并下令销毁了大约100 000多个鸡蛋。

到底是什么原因让德国政府痛下杀手呢？罪魁祸首就是叫“二噁英”。

事件发生在德国的下萨克森邦，有关部门发现当地农场的鸡饲料中添加的脂肪部分遭到了二噁英的污染，检测结果显示，二噁英超标77倍！更严重的是，大批疑似被二噁英污染的鸡蛋已经出口到了荷兰！

前面提到过，二噁英是脂溶性物质，所以才会出现在饲料添加的脂肪部分中。

据德国相关部门的官员解释，仅仅从 2010 年 11 月到 12 月，德国的一家公司就出售了大约 3 000 吨受到二噁英污染的脂肪酸，而这些被污染的脂肪酸就成了制造鸡饲料的原料，结果导致多家农场被关闭，大量鸡蛋被销毁。

关于鸡被污染的事件，早在 1999 年，在比利时就已经发生过了。1999 年 3 月，比利时很多养鸡场里的鸡出现生长异常的现象，鸡蛋的产量也急剧减少。很多农场主向保险公司索赔，保险公司就请研究机构调查此事，经过对鸡肉样品的化验，发现鸡肉脂肪中的二噁英超标 140 倍！

更可怕的是，这次的“毒鸡事件”还波及猪、牛以及奶制品等数以百计的食品行业。一时间，比利时全境都陷入了食品安全的危机中。

政治家的遭遇

2004 年 12 月，正当乌克兰的两党竞选进入白热化阶段时，其中一个竞选人尤先科竟然出国治病去了。

这么关键的时刻，尤先科还要出国治病，看来病情一定很紧急！他到底得了什么病？

如果不告诉你，估计无论如何你也想象不到，尤先科竟然是二噁英中毒！

尤先科在奥地利首都维也纳的一家医院就医后，院方当天就公布了检查结果：尤先科的血液中，二噁英的含量超出正常值的 1 000 倍！

政治是个比较复杂的事情，咱们不必讨论。仅仅从外貌来说，尤先科可算得上一表人才了，然而就是这么一个帅哥，得病后却被毁容了：灰突突的脸色，脸上还布满了小疙瘩。

通过例子你明白了吧，二噁英真是个可怕的家伙！

二噁英污染食品的事件一再发生，引起人们对它的关注。2008 年，葡萄牙检疫部门在对一批进口猪肉检测后，发现其二噁英超标。总共 30 吨猪肉，却只回收了 21 吨，这就意味着有 9 吨猪肉已经流入市场，很可能已经被消费者吃掉了。

原罪——塑料

别以为这样的标题有点对不起塑料，毕竟塑料在人们的日常生活中，有着太多的用途。但是你仔细想一想，塑料燃烧后产生的聚氯乙烯，是不是心有余悸？

烧，不是一劳永逸的好办法。但任其自生自灭，那绝对是不可能完成的“任务”。

“长生不老”的白色污染

象征纯洁的白色和污染连在一起，简直就是一种讽刺！

之所以把塑料垃圾叫作白色污染，是因为塑料用作包装时多为白色，也源于前些年普遍使用的泡沫餐盒。至于究竟是谁第一个把塑料垃圾称为白色污染，现在已经无从考证了。我想这应该是人们的共识吧！

充满讽刺意味的“天使的翅膀”

刮大风的日子里，被人们随意丢弃的塑料袋就会“随风起舞”，有一些被吹到了树上，被树枝挂住，就那么留在了树上。

低一点的地方，想取下来还不是很难，但那些挂在树顶端的，想取下来就相当麻烦了！

每当有风吹来的时候，这些高高挂在树顶的塑料袋就会随风飘荡，如果叫它“天使的翅膀”，好像很讽刺。

塑料垃圾造成的白色污染，首先就是视觉污染，看着就让人不舒服。茂密的大树上，塑料袋“迎风招展”，美丽的花坛里，垃圾成片。倘若仅仅是看着不舒服，还不是最严重的，更严重的就是这些垃圾的危害了。

这些废弃的塑料垃圾难以降解，进入土壤后会严重影响农作物吸收营养，其直接后果就是导致农作物减产。也正因为塑料垃圾难以降解，随之导致新产出的垃圾需要占用更多的空间。

这些讨厌的塑料垃圾，它们到底能赖在土地里多久才会消失呢？

这至少需要200年到400年的时间，有的甚至更长。而且因为它们难以降解的特质，这里所谓的“更长”，不会是以个位、十位计算的年份，也许会超过百年！

白色污染真可谓是“长生不老”了！

难以降解还不算是最严重的，更严重的是，这些“长生不老”的家伙都是有毒的！因为它们的质量很轻，来一阵风就能满世界“乱跑”，空气也就被污染了。落到水里，水也被污染了。

更糟糕的是，这些塑料垃圾都是可燃物，有点火星就会燃烧，而且它们在堆放的过程中还会产生甲烷等易燃气体，更加让它们成了遇火就着的危险品。火灾有多可怕，后果有多严重，不用多说，大家都清楚。

动物吃了这些塑料垃圾，会因为难以消化导致生病，甚至死亡。而这些塑料垃圾却对那些老鼠、苍蝇、蚊子有着巨大的吸引力，为它们提供了繁殖的温床。

别以为把塑料垃圾埋起来就会好一些。

尽管埋起来会比暴露的状态稍微好些，但是它们仍然难以降解，同样占地方，并不断扩大它们的地盘。因为塑料的密度小、体积大，它们的占地面积就更大。填埋后的地基比较松软，同样让细菌滋生，也同样更容易深入地下，污染地下水和周围的环境。

白色污染的危害可以沿用并修改一句流行的广告词：没有最糟，只有更糟！

揭开白色污染的真面目

塑料的最主要成分是合成树脂，一般质量分数为40%~100%。严格意义上讲，塑料是个新东西，直到20世纪才被开发出来，随后在人们的生产和生活中“大显身手”。

树脂

首先，我们来看看树脂究竟是什么。其实它只是一种未被加工的原始聚合物，不仅可以用于塑料的制造，还可以用于涂料，甚至是合成纤维制造的原料。事实上，只有极少部分的塑料是百分之百的树脂，大多数塑料还需要加入很多其他的物质。

填料

塑料的第二主角——填料出场。填料又称填充剂，可以提高塑料的强度以及耐热性，最重要的是可以降低成本。例如在酚醛树

脂中再加入木粉，在显著提高机械强度的同时，还可以大大降低制造成本。

填料可分为有机填料和无机填料两种。上面所说的木粉就属于有机填料，另外，碎布、纸张以及各种织物纤维等，也都可以作为有机填料加入到塑料的制造中，而玻璃纤维、硅藻土、石棉和炭黑等物质就是无机填料了。

注意，所有的填充剂在塑料中的质量分数，都要控制在40%以下。

增塑剂

增塑剂，顾名思义，就是让塑料易于加工，增加可塑性。当然，也会让塑料具有更好的柔软性！

的确是这样，所有增塑剂都是能与树脂混溶的物质，而且无毒

无臭，同时对光和热相对稳定的高沸点有机化合物。

增塑剂中最常用的就是邻苯二甲酸酯类物质。这类物质是有毒的。

以生产聚氯乙烯塑料为例，如果加入较多的增塑剂，便能得到较软的聚氯乙烯塑料。如果不加或少加增塑剂，制造出来的聚氯乙烯塑料就是硬质的。

以现在的情况还不能完全取消塑料制品，所以它们仍然会被制造出来。

稳定剂

稳定剂主要指保持高聚物塑料、橡胶、合成纤维等稳定，防止其分解、老化的试剂，它的作用就是延长塑料制品的使用寿命。比较常用的有硬质酸盐和环氧树脂等。

着色剂

塑料能有那么多鲜艳的颜色，使其看起来美观，着色剂当然是“功不可没”了。合成树脂的本来颜色多是白色半透明或者无色透明的，日常生活中五颜六色的塑料制品，当然都是着色剂的功劳。

润滑剂

润滑剂听起来和塑料并没有什么关系，只是为了在制造的时候方便从模具上取下来，同时可使塑料的表面光滑、美观。

抗氧剂

抗氧剂就是为了防止塑料在加热成型的时候受热氧化，或者为了防止塑料变黄和裂开而加入的抗氧化剂。

抗静电剂

抗静电剂？你一定很奇怪，塑料本来不就是很牛的绝缘体吗？

这还真是个有趣的话题。塑料是绝缘体，所以才容易带有静电，而添加抗静电剂可以让塑料带有轻微的电导性，这样反而可以防止塑料制品上积累太多的静电荷。

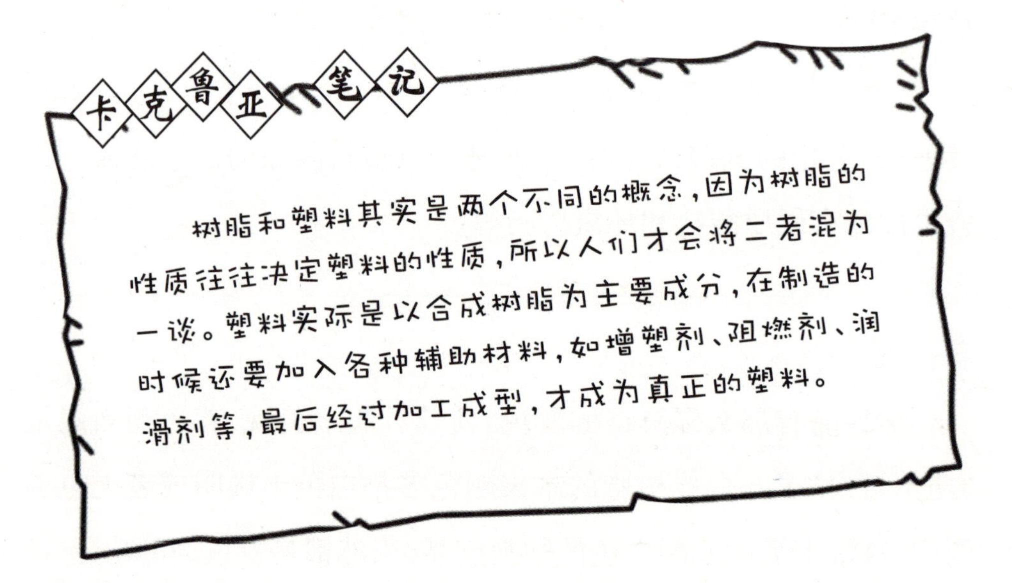

塑料的传奇故事

1863 年，在比利时根特市的一个鞋匠家里，诞生了一个男婴。

没有人会想到，这个父亲是鞋匠、母亲是女仆的男婴，日后会成为塑料的发明者，而他的发明极大地改变了人们的生活，甚至可以说对人类的发展起到了推动作用。这个男孩的名字叫列奥·亨德里克·贝克莱特。

列奥的确是个很聪明的人，在 21 岁时就获得了根特大学的博士学位，仅仅 3 年后，他就成了比利时布鲁日高等师范学院的物理和化学教授。

1889 年，对列奥来说是幸运的一年，新婚燕尔的他获得了一笔到美国从事研究的旅行奖学金。

后来，在哥伦比亚大学查尔斯·钱德勒教授的鼓励下，列奥留在美国发展。在此期间，他还发明了一种叫 Velox 的照相纸，这种相纸不像之前的相纸那样，需要在阳光下显影，而是在灯光下就可以显影。这项发明也让他从柯达公司那里赚到了人生的第一桶金。

利用这些钱，列奥成立了自己的私人实验室，开始研究飞速涨价的虫胶的替代品。

在此之前，德国的化学家阿道夫·冯·拜尔已经发现，苯酚和甲醛反应后，会在玻璃管底部产生一些顽固的残留物。可惜拜尔当时的主攻方向并不是绝缘体材料，所以这些物质也就被他忽略了。

然而这些在拜尔看来一钱不值的东西，却吸引了列奥的目光。经过一番试验，他于 1904 年得到了一种液体，即苯酚—甲醛虫胶，不过这种东西在市场上并没有获得成功。直到三年后，也就是 1907 年，列奥终于获得了一种黏性物质，并将其模压后成为半透明的酚醛塑料。

列奥研制成功的酚醛塑料是世界上第一种完全合成的塑料，他骄傲地给这种物质命名为“贝克莱特”，也就是他自己的姓氏。

这里面还有一个小小的插曲：当时他的英国同行詹姆斯·斯温莱特爵士，仅仅比他晚一天提交专利申请。

现在看来，列奥还真是够幸运的，如果不是他早一天提交专利申请，那么这个塑料的英文名怕是要叫“斯温莱特”了！

用列奥自己的说法，酚醛塑料简直就是“千用材料”。它绝缘、稳定性好、耐热、耐腐蚀，最重要的是它还不可燃。这在当时真是有大用途！在那个汽车、无线电和电力工业飞速发展的时代，酚醛塑料的诞生，无疑让这些新兴工业“如虎添翼”。

生活中常见的插头、插座，还有电话的外壳、螺旋桨和各种管道……这些原来都用木头或者金属制造的东西，被轻巧而可靠的塑料替代，真是解决了大问题。

所以当时这种从廉价的煤焦油中就能提炼出来的物质，被称为是20世纪的“炼金术”，而列奥·亨德里克·贝克莱特也被誉为“塑料之父”。

作为塑料的最早制品，酚醛塑料也是有很多缺点的，比如受热会变暗，而且只有深褐色、黑色和暗绿色三种颜色。更重要的一点是，这东西太容易摔碎了！

不过，毕竟酚醛塑料预示着塑料的时代已经开启，随着塑料的发展，作为科学家的列奥名利双收。他获得了无数的荣誉，拥有超过100项专利，而且还拥有一个真正的塑料企业帝国。他去世后，因为他的儿子对经商不感兴趣，所以他的公司被联合碳化物公司以1 650万美元的价格买走，这些钱相当于现在的2亿美元。

在列奥去世后的第二年，也就是1945年，美国的塑料年产量已经超过了40万吨。到了1979年，塑料的产量甚至超过了工业时代的代表材料——钢。

不可否认，塑料对时代的

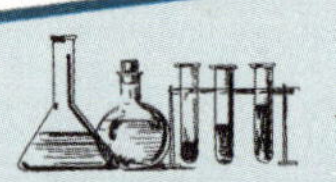

发展，的确起到了很大的作用。

不可否认，作为一名科学家和发明家，甚至是一个商人，列奥的确是个了不起的人。但在日常生活中，他却未免迟钝得有些可爱，而且他对自己的着装也总是大大咧咧。为了让他买件像样的套装，他的妻子和一家服装店“串通”，把一件价值 125 美元的衣服标上 25 美元，当然，另外那 100 美元是他的妻子提前付给服装店的。从妻子口中得知如此物美价廉的好事后，第二天，列奥就去把这件衣服买了回来。然而，他在回家的途中正好碰到了他的邻居，在向对方炫耀衣服之后，他竟然以 75 美元的价格把衣服卖给了邻居，回来后还得意洋洋地跟妻子炫耀……

超广泛的应用

不管塑料给人制造了多少麻烦，就目前的状况而言，人们的生活还真是离不开塑料。无论是从产品包装上、农业生产上，还是建筑和汽车行业，塑料的身影无处不在。

特别是随着石油化工业的不断发展，塑料更是以日新月异的速度占领着各个行业。中国的塑料工业当然也是飞速发展的，而且已经形成了比较齐全的工业体系，和钢材、水泥以及木材等并驾齐驱，成为重要的基础材料产业。作为一种新型的材料，塑料制品的使用已经远远超出了其他几类基础材料。

中国是个农业大国，农业上用到的塑料制品的数量也是相当

多的。说到这里，也许你首先想到的就是塑料大棚了。

现如今，农业上用到的塑料制品已经成为仅次于包装行业的第二大消费领域了，而包装行业在塑料制品的消费中的“老大”地位也是固若金汤。

你随便一看，很容易就会看到各种塑料制品，比如编织袋、中空容器，还有无处不在的包装袋等。

现如今，电子产品根本就离不开塑料，所以还是老话题，让我们现在就放弃使用塑料，只有三个字——不可能！

现在的塑料制品工业，也开始在新技术上下功夫了，比如为了不破坏臭氧层，对泡沫塑料的生产进行无氟技术的改造；为了减少对环境的污染，开始研发可降解的塑料；提倡对塑料的回收利用。

卡克鲁亚笔记

近些年，塑料产业作为我国轻工行业的支柱产业之一，一直保持着10%以上的增长率，经济效益自然也在不断地提高。塑料制品的销售率已经接近98%，高于轻工行业的平均水平值，企业产值总额也在主要行业中名列前茅。仅仅2008年的1月到10月，中国塑料制品企业累计工业总产值就达7 000多亿元，比上年同期增长了22.16%。

超广泛应用的后果

毋庸置疑，超广泛的应用必定产生超大量的垃圾——白色污染。

聚乙烯、聚丙烯、聚氯乙烯、聚苯乙烯等，这些都是塑料的原材料，当然也都是白色污染的主力军。

聚乙烯是乙烯经过聚合反应形成的一种热塑性树脂。因为聚合条件的不同，可以得到各种相对分子质量的聚乙烯。它是一种白色的颗粒或粉末状的东西，呈半透明状，化学性能稳定，而且还耐酸碱腐蚀。

这就意味着聚乙烯在自然界中很难“消化”了。

虽然聚丙烯的合成已经从最早期采用三氯化钛－氯二乙基铝作为催化剂，发展到现如今可以利用甲基铝氧烷作为助催化剂的更进步的聚合方式，还有聚氯乙烯，这个名字在你那里，大概也已经是如雷贯耳了吧！

就连聚苯乙烯，也总是会让你联想到二噁英吧！

这些白色污染，再加上一些添加剂，制造出了食品包装、快餐盒、农用地膜等，接下来就流入到城市和乡村，然后这些东西很快就被废弃了。

正如你知道的，有些塑料是能降解的。

的确，有些塑料里添加了淀粉类的填充料，这样就能让塑料在比较短的时间内被土壤中的微生物消化掉。

塑料耐用,生产技术也相对成熟,更重要的是,它的生产成本非常低廉,因此还需要继续在这个世界上被应用。但那成片的白茫茫的污染,的确是我们必须尽快解决的问题!

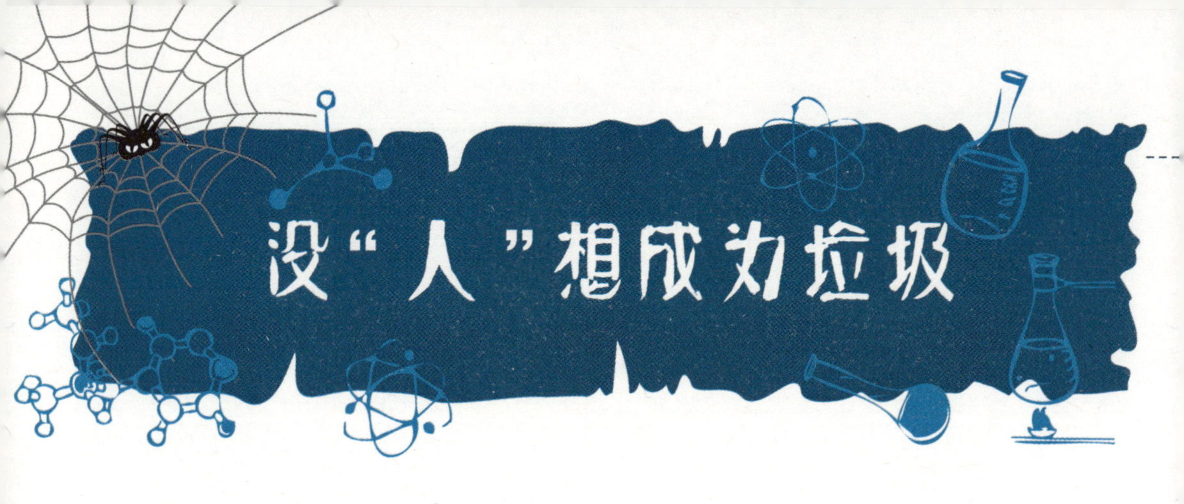

没“人”想成为垃圾

对于那些成片的白色垃圾，还有除了塑料之外的被丢弃的其他东西，你怎么看？

我想你的看法一定与卡克鲁亚博士一致——坚决治理！

光有态度是不行的，还要有具体的办法，首先就是要让人们认识到垃圾问题的重要性！

认识和管理双管齐下

之前已经讲了很多关于垃圾的害处，特别是白色污染的害处，就是想让大家对这件事有更深层次的认识。

我们要从自身做起，从小事做起，可以顺手捡起地上的垃圾，如果带宠物出门，一定要把宠物的排泄物收拾起来哦！

如果所有养宠物的人都能对宠物的排泄物“负责”，也就不会既影响环境，又给行人“添堵”了。更何况这也会给环卫工人凭空增添了很多额外的劳动。

可还是有很多人不自觉，比如长假期间各个旅游景点的情况，就是那些不自觉的人把环卫工人变成了“蜘蛛侠”。

对付这种不自觉的人，就要靠严格的法规来约束他们！此外，还要配合一些经济政策，比如鼓励回收，同时也鼓励使用再生制品。只有生产者和使用者的主观意识发生变化，才能从根本上消除恶性垃圾的产出。

这里就不得不提恶性垃圾的代表——泡沫餐盒了。这种东西明明在我国早已禁止使用了，却还是能在餐具批发市场上见到大量的货源。为什么？这就是经济利益驱使的原因。

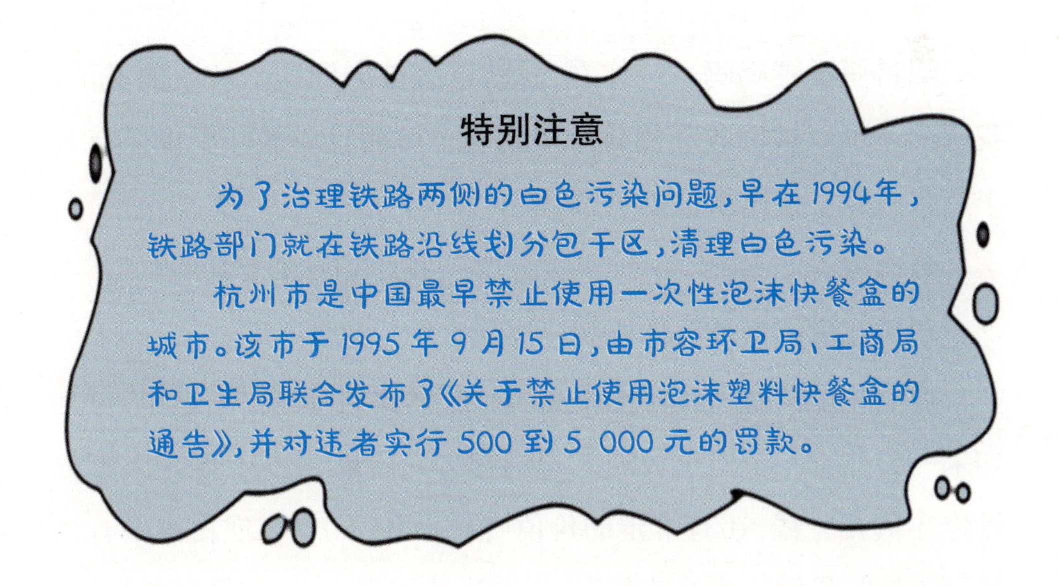

特别注意

为了治理铁路两侧的白色污染问题，早在1994年，铁路部门就在铁路沿线划分包干区，清理白色污染。

杭州市是中国最早禁止使用一次性泡沫快餐盒的城市。该市于1995年9月15日，由市容环卫局、工商局和卫生局联合发布了《关于禁止使用泡沫塑料快餐盒的通告》，并对违者实行500到5 000元的罚款。

细心的你在看一些国外电影时，是不是也注意到了，他们的商品基本上都是用纸包着，而非塑料袋。

可以肯定地说，用纸包装的确是个好办法，毕竟纸是可以回收

利用的，而且最重要的一点是，纸很容易在自然界被“消化”，所以我们要改掉使用塑料包装袋的习惯。曾经在20世纪90年代流行的那种大大的三角布袋，其实就是一种非常环保的购物袋，它比现在所谓的环保袋更环保。因为现如今所谓的环保袋，虽然能多用几次，可是最后的回收和降解还是个问题。

垃圾桶里传来的哭泣

听，垃圾桶里有哭声！

塑料瓶说：“呜呜……你看，我就这么被扔到这个垃圾桶里了。我明明还可以被回收利用嘛……呜呜……而且我的肚子里还有大半瓶东西呢！就这么被扔了，真是不甘心！”

玻璃瓶说：“呜呜……你还委屈呢？我才是真的委屈呢！”

塑料瓶说：“为什么你比我还委屈？”

玻璃瓶说：“我当然比你委屈了！虽然我们都被扔在这里，可是如果一会儿来一个捡垃圾的人，就会把你‘拯救’出去！至少人家觉得你还值几分钱，还有带走的价值呀！而我……唉，现在很少有垃圾回收处收我们这些玻璃瓶了，所以我被扔到这里，就是彻底的‘万劫不复’了！我才真的应该哭呢！呜呜……”

废报纸说：“你们哭那么大声干什么？我才委屈呢！我一旦进了垃圾桶，就被彻底‘抛弃’了，谁会从垃圾桶里捡一张报纸呢！别说是在垃圾桶里，即使在大街上，也不会有人弯腰拣拾我们的……呜

呜……我们还可以回收利用。造纸是需要砍树的，如果把我们都回收了，能少砍伐多少大树呀！呜呜……现在都在提倡保护森林，可是为什么就没有人珍惜我们呢？这是为什么啊？”

形同虚设的垃圾分类

这些都是什么啊？这里不仅有烂水果、菜叶、酸奶盒，还有一些矿泉水瓶子、剩下大半盒饭菜的快餐盒、废报纸、塑料袋、小型的快递包装盒子、用过的餐巾纸、洗发水瓶子、花生壳、瓜子皮、啤酒瓶、罐头盒子、易拉罐，咦，里面竟然还有小半瓶饮料！

等等，这不明明有两个桶嘛！一个写着“可回收垃圾”，一个写

着“其他垃圾”。

两个分类的垃圾桶摆在一起，怎么还是乱七八糟的一团呢？

可回收垃圾与不可回收垃圾

在中国的很多城市里，垃圾分类还比较粗糙，一个写着“可回收垃圾”，另一个写着“其他垃圾”。这就算是一种分类了，虽然少而简单，但毕竟可以提供一个大概的垃圾分拣方式。不过这样的垃圾桶也只是在主要街道和新建的小区里才有，不过人们绝大多数并没有按照垃圾分类扔。

有这样两个垃圾桶的还算是一种进步，在有些偏僻的街道或者市场里，只有一个大垃圾桶，所有垃圾统统扔到那里面。

别说把垃圾正确分类，能把垃圾扔进垃圾桶，就算是挺讲公德了，再要求大家分类，有点难！这可不是对中国垃圾处理有偏见哦，而是事实。

不过这也不能完全怪人们不自觉，毕竟还是有那么多人把垃圾扔到垃圾桶里了嘛！问题是如何正确地“扔”呢？到底什么是“可回收垃圾”，如果能在垃圾桶上标注出来，让人一目了然就好了。至少那些主动把垃圾扔到垃圾桶里的人，应该会遵照标注扔吧！既然都往垃圾桶里扔了，做出选择也就是一瞬间的事情，应该不至于怕麻烦到这种地步！

这还真是要给有关部门提个醒，既然都有这样漂亮的垃圾桶了，在“可回收垃圾”上细致标注一下，应该也麻烦不到哪里去。如果只依靠市民自己判断，毕竟不是所有人都是专家嘛！

英国的垃圾桶

在英国，每个家庭都有三个垃圾箱，有装普通生活垃圾的，还有装花园以及厨房垃圾的，另外一个则是装玻璃瓶、易拉罐等可回收垃圾的。每个社区会安排三辆不同的垃圾车，负责运送不同的垃圾，一般每周一次。花园和厨房产生的垃圾可以堆肥，专门的垃圾回收处可回收 40 多种垃圾。

垃圾分类和回收

垃圾分类的好处

▶垃圾分类的好处是显而易见的。之前已经说过了，原始的垃圾处理方法就是堆放和掩埋，但无论哪种，都是需要占用土地的。而通过对垃圾的细致分类，就可以很好地回收可再次利用的物品，减少 50%以上的垃圾量，当然也就省了很多地方了。

通过垃圾分类，还可以把废旧电池这类含有金属汞、镉等有毒物质的垃圾分出来，进行特别处理，以免在填埋的时候导致对土壤的毒害和污染，也保住了地下水的清洁。

嗯，这一点也很直观。且不说对土壤和地下水的污染，就是动物直接吃了，也会立刻没命。这一点的确很重要！

▶变废为宝。

中国每年使用的塑料快餐餐具高达40亿个！方便面碗也有差不多7亿个，废塑料占了生活垃圾的4%~7%，而1吨废塑料就能提炼600千克柴油！

废纸的回收能保护很多树木免于砍伐。回收1 500吨废纸，就可以免于砍伐用于生产1 200吨纸的树木。

1吨铝制易拉罐熔化后可以得到1吨高质量的铝块！

这下可以理解，易拉罐在废品收购站为什么一直都是受欢迎的对象了吧！曾经有一个“破烂王”，就是依靠回收易拉罐，然后再熔化了卖铝，让他挖到了人生的第一桶金。

这绝对是真人真事！回收易拉罐，就等于回收了铝，同时也就减少了对铝矿的开采，同时也减少了垃圾量，一举两得。

厨余可以用来堆肥，让它们物尽其用，为农业做贡献。

这些优点还仅仅是垃圾分类的一部分，不过也足以证明垃圾分类的好处有多大了！

垃圾回收

你一定很疑惑，既然易拉罐很受废品站的追

捧,而那些玻璃瓶为什么就那么“失宠”呢?难道它们就不能回收利用吗?

当然能,只不过因为玻璃回收的利润小,就让它们在废品回收站受到了冷落。

其实,废品回收在很多发达国家早已有之。做得最细致的应该算是日本了。在有些国家,比如瑞典,是可以用垃圾换钱的,包括易拉罐和玻璃瓶。人们喝完饮料后把这些容器投入到自动回收机,然后机器就会吐出一张收据,凭这张收据,顾客就可以领到一些钱。

我们还是把眼光转移到中国吧,看看中国的城市是如何处理垃圾的。

广州市的垃圾桶有4类:可回收物、厨余垃圾、有害垃圾和其他垃圾。广州市甚至还有生活垃圾分类24小时服务电话,当然也是城市管理投诉专线。对于那些可回收物品,还可以预约上门回收。

广州市为了方便大家分类,还制作了很多宣传单,上面清清楚楚地标示出垃圾属于哪种类型:

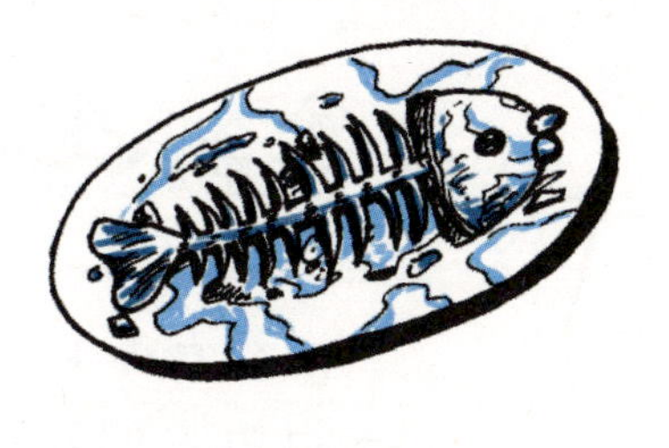

▶“可回收物”后面明确标有玻璃瓶、牛奶盒、金属类、塑料类、废纸类，还有织物类。既有文字，也有配图。

▶“厨余垃圾”后面标有动物的骨骼内脏、菜梗菜叶、果皮、茶叶渣、残枝落叶，还有剩菜剩饭等。

▶“有害垃圾”后面标有废电池、废墨盒、废油漆桶、过期药品、废灯管以及杀虫剂等。

▶“其他垃圾”后面标有宠物粪便、烟头、被污染的纸张、破旧陶瓷品、灰土和一次性餐具等。

这是不是很详细了？

杭州市同样也把垃圾分成了这4类，还有其他一些大城市也是样做的。

卡克鲁亚笔记

走在大街上，经常看到一些企业和商家搞活动，为了吸引人们的注意挂出各种条幅。这些条幅上写着与具体活动有关的内容，当然就成了一次性用品。现在有一些环保人士把这些用过的条幅做成漂亮的购物袋出售，或者赠送给大家，这无疑是个很不错的办法。

厨房里DIY出再生纸

卡克鲁亚博士把报纸剪得这么碎，猜猜他要做什么？

哈哈，原来他要给我们变个魔术！

制作再生纸方法1

步骤：

①看到这些剪碎的纸了吧！把这些碎纸放在清水中浸泡，然后把浸泡过的纸屑、清水和淀粉一同放在盆里搅拌成糊状。

②取一个框子，最好是窗纱网的，把这个“网”轻轻地放入纸浆中，然后再轻轻地拿起这个“网”，让纸浆均匀地铺在纱网上。

③控干净纸浆中的水分，再将纱网上的纸浆片摊在一张旧

纸上，再把另一张旧纸覆盖在纸浆片上，用适合的工具尽量把纸浆片中的水分压出来。

④晾干纸桨片。

很神奇的一张再生纸就出现在你的面前！

制作再生纸方法 2

原料：准备好纸巾、温水、一个铁丝的晾衣架，或者是合适的铁丝也行。还需要一双连裤丝袜、盆子、干毛巾、几张报纸和空瓶子。

准备：把纸巾撕碎或者剪碎，将碎纸放进空瓶子里，再把衣架或者铁丝折成方形塞到连裤袜里，一个过滤网就诞生了。

步骤：

①将装了纸屑的瓶子里灌入温水，盖好瓶盖，用力摇晃，直到这些碎纸屑变成纸浆。

②把纸浆倒在连裤袜做成的过滤网上，让水流到盆里。你还可以在纸浆里加入喜欢的颜色，这样就会做出你喜欢的五彩纸了。

③把水过滤得所剩无几的时候，用干毛巾将过滤网盖住，尽量轻轻地挤出水分。

④把过滤网放在报纸上进行挤压。

⑤把水分挤压出去后，再把这张有你喜欢的颜色的再生纸夹在用过的宣纸中，然后压在表面光滑的重物下。

⑥15 分钟后，把再生纸取出来放到通风的地方晾干。

上述方法只适合一张纸的制作，不适合大批量生产哦！

再生纸有保护“两球”的作用，这“两球”指的是地球和眼球。保护地球，当然是因为环保的原因，保护眼球则是因为再生纸的白度柔和不刺眼。在日本，人们都以使用再生纸为荣，再生纸经常被日本人用来印制名片。

很多巧手人士把生活中的一些垃圾做成漂亮的手工艺品。从鸡蛋壳到卷纸芯，从可乐纸杯到废弃的光盘，都变成了一件件漂亮的艺术品。饮料的吸管能变成沙滩上的躺椅；飘落的花瓣和树叶能变成漂亮的贴画；废弃的洗手台能变成漂亮而别致的椅子；残破的杯子可以养花，重新焕发出光彩……

喝过浓香的咖啡后，剩下的咖啡渣总是被倒掉。然而，中国台湾地区某纺织公司利用回收的咖啡渣，制造出了一种环保的有机棉替代材料——咖啡纱面料。这种面料不仅环保，而且还防紫外线，干的也很快。

解剖电子垃圾

什么是电子垃圾？

电子垃圾是被废弃的、不再使用的电器或电子设备。

电子垃圾的分类

一是所含材料比较简单，对环境危害较轻的废旧电子产品，如电冰箱、洗衣机、空调、科研电器等。

二是所含材料比较复杂，对环境危害比较大的废旧电子产品，如电脑、电视机、手机等。

电子垃圾是如何回收利用的呢？下面我们就以一台废弃电视机为例。

废弃电视机历险记

历险地点:回收站、仓库

步骤:拆解

(1)螺丝钉:a.回收利用;b.制成粉末。

(2)线圈:提炼出铜,加工成铜板。

(3)显像管:荧光粉可回收利用。

(4)玻璃:可回收、清洗、粉碎、再利用。

(5)喇叭:铁、塑料。

(6)高频头:塑料、铁、铜、铝等。

(7)电路板:提炼出铁、铜、铝、铅、锌、锡、金、银等。

(8)外壳。

①ABS 塑料材质：保护显像管，特点是比较薄，抗击能力比较强，可以直接利用。

②PP 塑料材质：a.焚烧；b.降解；c.重新加工成塑木。

如果选择 a会污染环境。

如果选择 b需要的时间是几百年。

选择 c 是非常正确的，只要稍加动脑就会知道是这个答案。那么塑木是如何加工的呢？

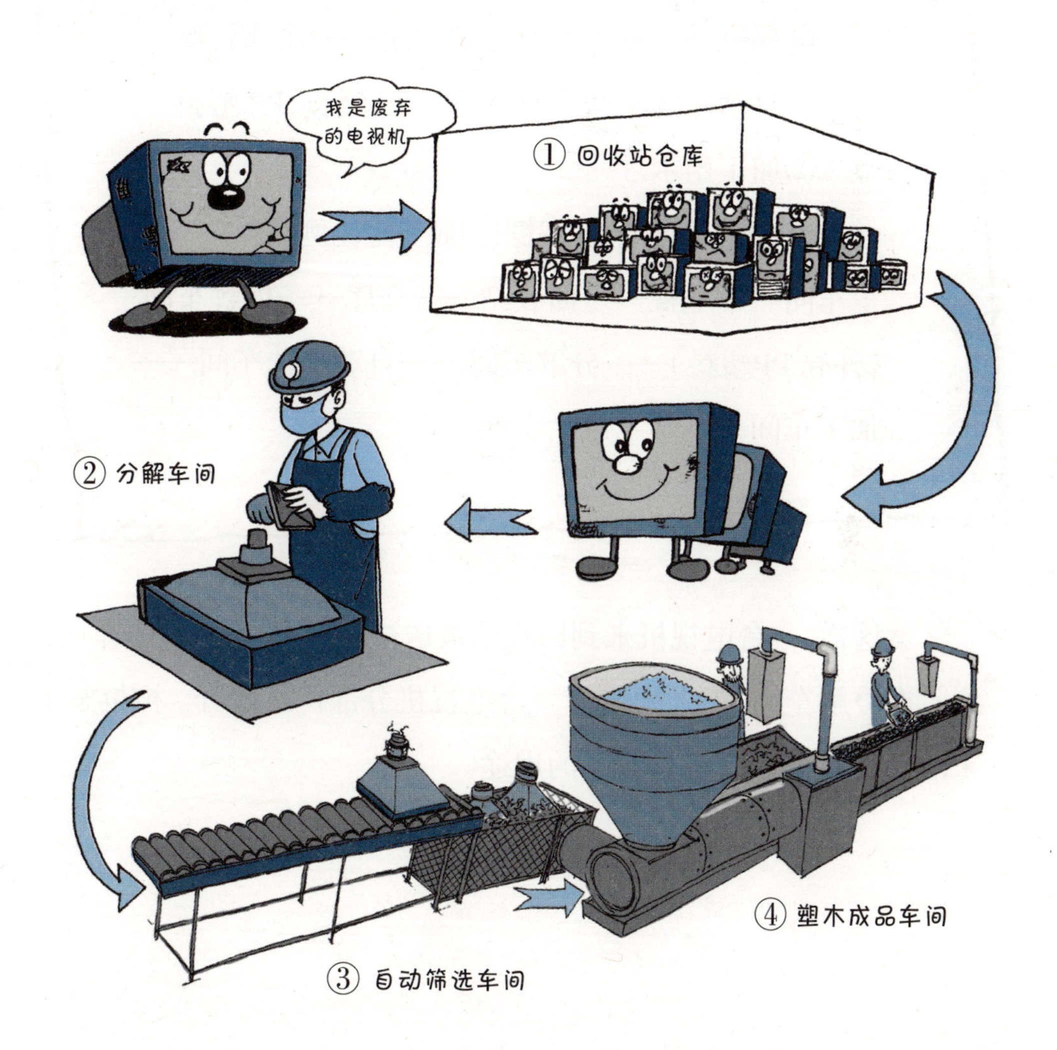

塑木的制作过程

材料:电视外壳

步骤:

①制成粉碎。

电视机外壳——专业分解车间——铁、铝、塑料——自动筛选车间反复筛选 ABS 塑料、PP 塑料

②加工塑木。

PP 塑料与木屑粉、谷糠(按照一定比例混合)——加工车间——电视——回收站——仓库——拆解车间(外壳 PP塑料)——分解车间——自动筛选车间——加工车间——塑木成品车间

就这样,一台电视机来到回收站被送往仓库,又来到分解车间。

在分解车间,工人师傅将一台电视机分部件拆解开。被拆解下来的部件根据性质有着不同的用途。

你可别觉得卡克鲁亚博士天上一脚地下一脚，跨越太大。

垃圾处理这个问题，本来就是以小见大，再从大见小的嘛！如果不小到厨房，大到社会，这个问题是得不到很好地解决的。

嗨，我是食品垃圾处理器

什么是食品垃圾处理器

食品垃圾处理器就是装在厨房水盆下水口处，可以把食物垃圾粉碎，是一种能够避免下水堵塞的了不起的装置。它能够尽可能地排走可以通过下水道的东西，所以就避免了厨余滞留在厨房里。

原本会产生难闻味道的厨余，变成可以排走的小东西，就这么“哗”地一下排走了，是不是很神奇？

咦？还是有点困惑哟！

1927 年，一个叫约翰·汉默斯的人发明了食品垃圾处理器。这个名字听起来有点复杂，其实就是一个粉碎或者研磨器。

它的工作原理就是通过改变厨房里那些吃剩下的食物的形状，将其进一步弄成更小的形状，然后就可以作为浆状液体直接从下水管排走。

你一定很疑惑，厨余是怎样被研磨成小颗粒的？其实这都是研磨器的功劳。

研磨器是不锈钢材质，它通过电极的高速运转来处理垃圾。研磨器的高度为 30~40 厘米，直径为 13~20 厘米，质量也就是 4 千克左右吧！

就是这么一个连接在下水管道的小东西，却能处理鱼骨、蛋壳、果皮、菜梗、茶叶等残羹剩饭。这些处理起来有点麻烦的厨余，回收也多是没有什么价值的，当然就是把它们彻底销毁，才一了百了，也省得苍蝇、蚊子来捣乱。

食物垃圾处理器的重要性

怎么样，有了食品垃圾处理器，是不是又轻松又方便了？首先，人们不用再把厨余扔到垃圾堆，省时省力，这样也间接减少了占地垃圾的数量，有效保护了环境；其次，避免了厨余招惹苍蝇、蚊子，没有臭味，干净卫生；再次，如果有些大颗粒的厨余不慎掉进下水道，就会堵塞下水道，而有了食品垃圾处理器的存在，这样的事情

基本可以避免;最后,它还消除了厨房的细菌来源,保持厨房卫生,提升了生活档次。

中国的厨余垃圾,每天产出 18 万吨,或者更多。所以这个食品垃圾处理器,还真是显得很重要了。为了避免机器零件被腐蚀损坏,在使用的时候,我们要尽可能地避免把碱性物质和化学物品投放其中。如果水中的矿物质在这些粉碎盘上形成锈状混合物,不要担心,这都是正常现象,它是不会被这样的所谓腐蚀影响正常工作的。

国际回收局

这个国际性的废料回收组织成立于 1948 年,目前已有 800 多个国际会员,当然其中还包括中国有色金属工业协会再生金属分会等,共 40 个国家级回收组织和 750 个独立会员。

国际回收局设有 4 个相关部门:黑色金属部、有色金属部、废纸部和废纺织品部;3 个工作委员会:不锈钢及特殊合金委员会、塑料委员会和轮胎委员会。

国际回收局的宗旨是推广回收再利用、节约资源和能源,同时提倡自由贸易,也就是促进再生资源的自由贸易。

作为一个商业组织，国际回收局为会员提供商业机会以及最新的市场动态和最新的行业科技，法律、商业以及回收技术上的信息服务也是必需的。同时，它还从法律角度提供服务，参与国际环保立法，保护回收行业的发展。它以专业的规范，提高会员企业的行业形象。

繁华的街头没有垃圾箱

走在繁华的时新宿街头，你会发现，这里竟然没有一个垃圾箱！

怎么可能？作为日本著名的繁华商业区，东京都内的23个特别区之一，东京都的行政枢纽的新宿，大街上怎么会没有垃圾箱呢？这的确是事实，别以为卡克鲁博士在和你开玩笑！

东京物语

作为日本的首都，东京是世界上最大的城市之一。在很多亚洲年轻人的眼里，这里充满了现代感，从流行音乐到偶像剧，再到电子游戏，还有那些光怪陆离的装扮……无不投射着现代和时尚的气息。

距离东京仅80千米，海拔3 776米的富士山，从海拔的角度上说并不算高，但它却是世界上最大的活火山之一，也是日本国内的最高峰。虽然富士山是一座活火山，但目前还是休眠期，有记载的最近一次火山喷发是在1707年。

有火山的地方多有美丽的风景，富士山也不例外。富士山的山顶有两个火山口，因此形成了两个美丽的火山湖。火山喷发使这里形成了众多千姿百态的山洞，很多洞穴的内壁上结满了被称为“万年雪”的钟乳石似的冰柱。

富士山最为人们所熟知的是远远就能看到的白色“帽子”——山顶的终年积雪。

从富士山周围的“富士八峰”，到北麓的富士五湖都是游人常到之地。富士五湖之一——河口湖中映出的富士山的倒影，也是富士山奇景之一。

上野公园的樱花

上野公园是东京最大的公园，占地面积为 52.5 万平方米，原来

是德川幕府的家庙和一些诸侯的私人官邸，于 1873 年正式改为公园。

因为历史的缘故，这里有很多古迹，与湖光山色相衬，是掩映在苍松翠柏中的江户和明治时代的建筑。

园内还有东京国立博物馆、国立科学博物馆、国立西洋美术馆等多个博物馆。上野动物园里饲养着 900 多种珍禽异兽，水族馆有 500 多种水生动物供游人参观。动物园旁边还建有一座牡丹园，其中种植了 70 多个品种的牡丹，有 3 000 多株。

每当提到上野公园，总是让人想到盛开的美丽樱花。这应该是最被人们熟悉的了吧！

上野公园里的樱花树多达 1 200 棵，代表性的品种叫“染井吉野”。每年樱花盛开的季节，上野公园都会举办隆重的“樱花祭”活动，前来赏樱的游人络绎不绝。灯火映照下的“夜樱”更是别有情致。

卡克鲁亚笔记

染井吉野樱又名东京樱花、日本樱花，盛开的时候花瓣多为半透明的浅粉色。五枚花瓣刚绽放的时候是淡红色，完全绽放的时候渐渐地变淡、变白。在日本的关东地区，这种花的花期大约是在每年的3月底到4月上旬。日本当地气象厅发布的有关樱花花期的预报，就是以染井吉野樱作为基准，可见该种樱花在日本人心中的地位。

日本人对樱花真是情有独钟。

或许是因为这个原因，很多人都认为樱花是日本特有的一种植物，其实不是这样。

樱花树是一种落叶小乔木，从植物学的分类上，它属于蔷薇科李属樱桃亚属。例如你喜欢吃的樱桃，就是一种樱花树的果实。

不仅是日本，中国、朝鲜和印度的很多地方都有樱花树。日本樱花之所以著名，和他们赏樱的传统习惯有着密不可分的关系。重视一种事物，就会促进这种事物的发展，无论从数量上还是品种培育上。

樱花在春天开放，有白色、淡红色、深红色的花朵。每到樱花盛开的时节，樱花树密集的地方，花瓣随风飘落，就如一阵阵的花瓣雨一般，那场景也的确是美得令人陶醉。

繁华街区

日本人是这样给他们的自然、历史和现代定位的：富士山象征着日本的自然，京都象征着日本的历史，那么什么象征着日本的现代呢？毋庸置疑，就是银座了。

位于东京中央区的银座是名副其实的高档商业区，是东京的代表性地区之一，同时也是日本最大、最繁华的街区。银座大道全长1.5 千米，大道两边的百货公司和店铺鳞次栉比，以销售高档商品闻名。银座大道和法国巴黎的香榭丽舍大街、纽约的第五大道齐名，为世界的三大繁华中心之一。

银座也是在不断填海造地的过程中，才逐渐形成了今天的样貌。

位于东京市区中央偏西的新宿区，以新宿车站为中心，东京的行政中心东京都厅在西侧，周围包围着许多大型企业总社。而在新宿车站南侧，则是百货公司和商店街云集之所。著名的“高岛屋时代广场”和日本连锁书店纪伊国屋的总社都位于此。而和西新宿的现代化的整齐相对的，则是东新宿的传统商业街区。

东京的涩谷是年轻学生喜欢扎堆儿的地方，因为这里是追求时尚的少男少女们的购物天堂。这里当然不只是年轻人的乐园，不同年龄段的人都能在此找到感兴趣的事情。音乐厅、剧场、美术馆、电影院……这里总能找到一个休闲的好去处。如果你喜欢科技发展，可以去电力馆参观，在那里能详细地了解电是如何从电厂输送到家庭的全部过程。如果你喜欢传统文化，还可以去观看日本的传统能剧。

如果你对这些都没有兴趣，那么有一样东西则是大多数人都无法抗拒的，那就是美食。涩谷囊括了世界各地的著名菜品，从法国餐馆“拉罗希尔”到意大利餐馆“利尼—多拉利亚”，再到北欧料理“奥斯陆”，甚至中国台湾地区的大排档“台南担仔面”在这里也有一席之地。只要你想到的，在这里都能品尝到。另外，这里还有众多的旋转寿司店，对孩子而言，一盘盘精美的寿司随着传送带转到面前，那感觉就是——不可抗拒！

不过我们还是感觉很奇怪，如此繁华的街道上为什么没有垃圾桶？日本人究竟如何处理垃圾的呢？这就要从日本人如何对待垃圾

这件事说起。

为什么日本的垃圾处理站叫作资源循环站？那是因为垃圾在日本被尽可能地回收了。在日本扔垃圾，有3点是必须知道的：第一，要会给垃圾分类；第二，在扔垃圾之前，要知道该如何做事前处理，也就是说，垃圾绝对不是想扔就扔的；第三，严格遵守扔垃圾的时间，否则你会惹麻烦。这些听起来都很概括，在接下来的章里，我们会详细探讨。

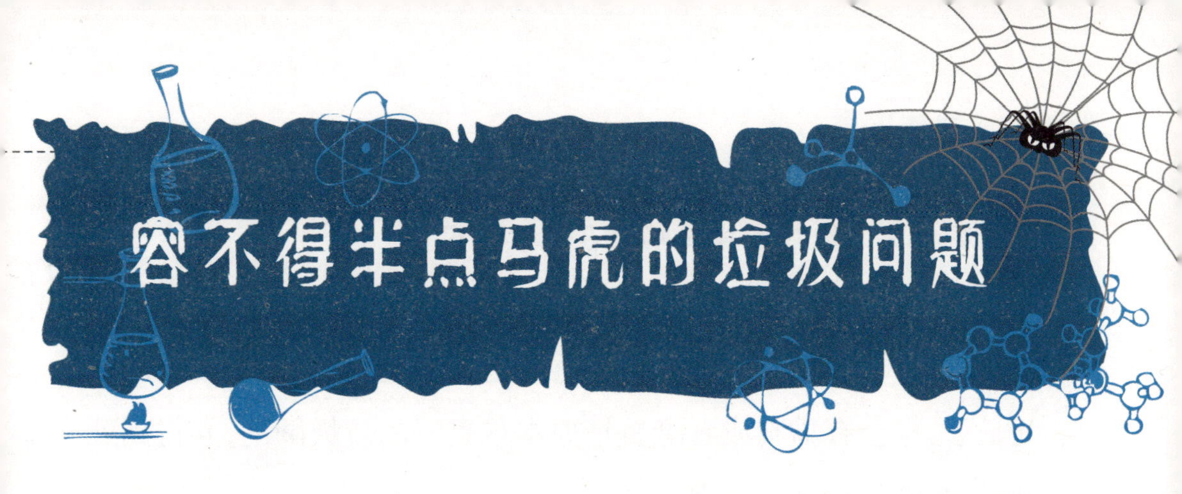

容不得半点马虎的垃圾问题

还记得蜡笔小新吗?

那个调皮的"马铃薯"小鬼!对他,你一定比我更了解。

"我叫野原新之助,今年 5 岁!"哈哈……他总是在早晨上学之前搞出一些小麻烦:校车要来了,他的厕所行动也开始了,经常让他的妈妈在早上手忙脚乱的。在一大早的忙乱中,小新妈妈还要忙着送垃圾……

让妈妈抓狂的早晨

你们千万别以为小新的妈妈是故意小题大做,明明都这么忙了,难道非要在早晨最忙的时候赶着送垃圾吗?

这是没办法的事情,因为在日本,收垃圾是有严格时间规定的,都是在早晨,而且收垃圾的车一般都是 8 点左右到,绝对是"过时不候"。头天晚上提前送出去,这也是绝对不允许的。

一般情况下,一栋建筑物或者一个街区,都会提供一个专门的空间,让居民把装袋垃圾放在那里,等垃圾车取走。

为什么不能提前把垃圾放在堆放处呢？

首先，垃圾堆放时，难免会产生二次污染。垃圾成堆的后果就是臭气熏天，也会招来大量的蚊蝇，滋生细菌。另外，垃圾堆放的时间长了，也会有猫狗或者老鼠把原本包裹好的垃圾翻乱，弄得到处都是，既脏乱不堪，又影响市容。

在日本，如果一天没赶上送垃圾，不是耽误一天那么简单的。收垃圾不仅每天有固定时间，而且每周不同的日子，收垃圾的内容也是不同的。

现在你明白小新妈妈大清早为什么会因为来不及按时送垃圾而抓狂了吧！因为如果送不出这些垃圾，它们就要在家里放好几天！

如果你在日本小住一段时间，当房东把钥匙给你的同时，一定会附上一张纸，上面清楚地写明环卫公司每天处理垃圾的具体种类。例如东京的某一区是这样的：周一休息，周二收可燃垃圾，周

三收不可燃垃圾，周四收废纸，周五收资源类垃圾，如玻璃瓶、金属罐等。

这还仅仅是日本对垃圾处理的冰山一角而已，他们在细节上还有更多的要求。

在日本，绝对不能擅自处理垃圾早已是全民共识了。不仅每家每户都能得到一本关于垃圾分类方法及回收时间的小册子，有的行政区或是街区，还会在年底给居民送来垃圾分类及处理的日历，在相关的日期上会有不同颜色的标注，每一种颜色代表在那天可以扔哪类垃圾。

日本的垃圾分类手册很详细，内容很繁杂，简直到了让人难以置信的程度。有些垃圾分类手册有 27 页，诸多条款，想一一背下来绝非易事。所以一般的情况下，家庭主妇都会在厨房里放一份垃圾分类手册，以便随时翻阅，正确处理垃圾。

丢错垃圾的尴尬

在日本各个住宅区附近,都有专门的人员检查扔到垃圾处的垃圾是否合格。如果你扔错了垃圾,就会有人把垃圾给你送回来。不仅把垃圾送回来,还会送给你一本垃圾分类表,让你认真地学习一下。

日本对垃圾的分类回收进行了非常细致的划分,所以在日本居民家中,也会有分装不同垃圾的垃圾桶,这样才能方便装袋处理。

被人把垃圾送回来,是不是很尴尬啊!既然能把垃圾送回来,说明垃圾袋上有丢垃圾人的姓名!

不仅如此,回收不同垃圾所用的垃圾车也绝对不一样。这样可以避免不同垃圾受到"传染"。

就以东京为例,早在 2008 年,东京就开始实行这样的垃圾分类方法。第一类是可燃垃圾,包括食物残渣、茶叶烟灰、蛋壳等生活垃

圾；尿不湿、不能再生的纸类(餐巾纸、包装袋等)、木屑、鲜花、小木棒等；水桶、录像带、光盘、笔等塑料制品；胶皮手套、胶皮水管、皮球等橡胶制品；皮包、鞋、旧衣服、窗帘；还有洗发膏、洗洁精的瓶子，果酱塑料瓶，牙膏管等已污损的塑料包装类。

这才只是一类啊！

第二类是金属、陶器及玻璃制品。如碗、杯子、化妆品的玻璃瓶和电灯泡，以及菜刀、炊具、剪子、保温瓶、溜冰鞋等，实在太多了。

第三类就是可以再利用的资源类垃圾了。就拿塑料类来说，包括方便面的塑料碗、一次性水杯、各种便当的包装盒，还有各种塑料包装袋、包装瓶等。纸类有报纸、宣传单、杂志、蛋糕包装盒、信纸、硬纸箱等，面积大于明信片的纸张都属于资源类垃圾。还有金属类的罐头盒、易拉罐等。玻璃类的酒瓶、调料瓶、玻璃杯、玻璃碴……

想扔"大件"要付钱

这里必须特别说明的一类，就是大型垃圾的丢弃。

什么是大型垃圾呢？简而言之，大型垃圾首先指空调、电视机、电冰箱、洗衣机等大物件，另外还包括废旧家具、家用电器柜、被褥、电磁炉、电热器、自行车、音箱、旅行箱等。

在日本，边长超过40厘米的废旧物就属于大型废旧物，必须电话预约，并在废物上贴上处理券。环卫部门是不负责处理电视、冰箱、空调、洗衣机、电脑、摩托等废弃物的。

注意了，在日本，如果想丢弃使用过的电器，就要做好花钱的思想准备了。

这些废弃物尽管有二手商店有偿回收，但也仅仅是象征性地给点钱而已。相反，它们的处理费用则很高。

如果你"喜新厌旧"，在购

买新家电的同时，可以在电器商店那里申请旧电器的回收处理。店家在送来新电器的同时，就会回收已经申请报废的家电。

同时，你还可以向原来购买旧家电的商店提交曾经的购买凭证，然后提出回收申请。

你还可以在邮局购买“家电回收券”，然后将报废的电器搬运到指定的回收地点。在处理大型垃圾的时候，还可以打电话预约，当然也是要交付一定的处理费。

如果直接扔掉这些大物件还要自己掏钱，所以只要这些东西还能用，人们通常会选择赠送给朋友，或者通过网上拍卖。

卡克鲁亚笔记

早在1980年，日本就开始了资源垃圾回收试点工作。垃圾分类十分详细，包括资源垃圾、可燃垃圾、不可燃垃圾、危险垃圾、塑料垃圾、金属垃圾和粗大垃圾等。市民如违反规定乱扔垃圾，就是违反了《废弃处置法》，会被警察拘捕并处以3万日元到5万日元（约合人民币1 800元到3 000元）的罚款。

不容忽视的细节

在日本，鲜奶多采用优质的纸质包装，有着较高的回收率。鲜奶喝光后，人们先要将包装清洗干净，然后剪开、晾干。同一个物品上有着不同材质的“垃圾”，在日本也要通通拆开，清清楚楚、明明白白地分装到不同的垃圾袋里扔掉。如果有一丝一毫的偷懒行为，你的垃圾就会被退回来。

如果你喝完一瓶饮料，会如何处理瓶子呢？

正常情况下，我们会扔到垃圾箱里。如果有标明“可回收垃圾”和“其他垃圾”两个垃圾桶，我们会把它放进可回收的桶里面。

如果在日本，你就这么“草率”地把饮料瓶扔了，你怕是又要惹麻烦了！

一瓶饮料的旅行

买一瓶饮料，喝光它！如果实在无法喝光，那也要倒干净。

这是第一步。第二步，把饮料瓶用水清洗干净。第三步，去掉瓶盖，把标签撕掉。第四步，弄扁它，不管是用脚踩或者其他什么方式。第五步，根据垃圾收集规定的日子，送到指定地点，或者投放到商场或便利店的塑料瓶专门回收箱。

丢弃物品有讲究

准备丢弃的报纸一定要捆扎得整整齐齐；丢弃的电器的电线都要“规规矩矩”地捆绑在电器上；不要的自行车上也要贴上一张小纸条，标明“这是不要的”；如果垃圾带刺或者是锋利的物品，还要用纸好好地包裹起来，然后再放到垃圾袋里。

用过的喷雾器之类的东西，防止爆炸，一定要扎个洞；吃饭用过的餐具如果是沾油的，一定要用废报纸擦干净再清洗，因为这样可以减少洗涤剂的使用，避免难分解的油污进入下水道。顺便说一下，日本报纸用的油墨是大豆做的，所以属于无毒物。

过期药品的处理

①片剂、膏剂药品用纸包好，再放入封闭的纸筒内丢弃。

②液体药剂在彼此不混杂的情况下，分别倒入下水道冲走。

③针剂、注射剂药品切勿开封，要连同完整包装一同投入封闭纸筒内丢弃。

④喷雾剂药品要在远离明火、空气流通的地方彻底排空。

厨房产生的废油

日本人会把超市里购买到的凝固剂掺入其中，废油就变成了固体物质，然后再用报纸包好，作为可燃垃圾处理掉。

塑料盒用完请归还

超市里购物用的塑料盒，主妇们带回家把菜拿出来后，也会将塑料盒洗干净再送回到超市。

赏樱过后的垃圾去处

日本的垃圾袋都是指定的，在各大超市都能买到。这就意味着，你绝对不可以按照个人意原随意将垃圾装在其他袋子里扔掉。从最小号到特大号垃圾袋的价钱，分别是从 84 日元到 840 日元不等，大概合 5 元到 56 元人民币。

这么看来，在日本扔垃圾的成本也的确不低，这也是在日本街头没有免费垃圾桶的原因之一吧！当然，可能还有一个原因是可以避免人们乱投和误投，毕竟在大街上丢垃圾是没有办法追踪到家，给人送回去的。

所以在日本的多数场所，干脆让个人将自己产生的垃圾带回家中处理。在一些大型比赛过后，观众散场后地上都是干干净净的。

尽管在繁华的街头没有垃圾桶，但是在超市和便利店都是有垃圾桶的，当然也是那种分类极其清楚、详细的垃圾桶。

春天樱花盛开的季节，上野公园摆放着庞大的垃圾桶方阵。如果你是一个初到日本

的游客，一定会被这宠大的垃圾桶阵势惊到。

仔细一看，那一共 8 个 1 组的垃圾桶方阵，上面用英语、日语和图案清楚地标明了各自可以接受的垃圾种类。

▶ 第一眼“晕”过后，你会看到一个垃圾桶上画着饮料瓶的图案，上面有英文“GLASS BOTTLE”。这么简单的英语应该难不倒你，就是“玻璃瓶”的意思。

▶如果你看到“GARBAGE”字样，不知道你是否还记得是什么意思，这个单词是“垃圾”的意思。这个表述实在太笼统了，毕竟“垃圾”的涵盖范围太广了。不过还好上面有一个提示图案，画着一个鱼骨头。看到这个图案，你就应该知道这是投放残羹剩饭的垃圾桶。

▶如果看到“PET BOTTLE”字样，还真是有点麻烦了，因为“PET”是缩写，翻译过来是聚对苯二甲酸乙二醇酯，也就是塑料的一种。还好上面有一个饮料瓶的图案，因为市面上绝大多数的塑料饮料瓶都是由这种材料制造的，这也是为什么日本人会把PET瓶从其他塑料中单独列出来的原因。

▶如果说PET就让你感觉麻烦了，那“COMBUSTIBLE”恐怕就更让你发懵了，好在上面有一个火苗的图案，聪明的你应该能猜到这是可燃垃圾的意思。不过即便你知道这里是投放可燃垃圾的，首先你还要知道什么是可燃垃圾，否则你还是不知道该把什么垃圾投放到里面。

▶如果看到一个画着空易拉罐图案的垃圾桶，不需要任何解释，也应该知道该往里投放什么垃圾了。

▶如果看到一个碎角图案，恐怕你还是猜不出是什么东西，英文标注是“FOAM STYROL”，不过旁边的日文标注里的前两个字是“発泡”，你也能猜出个八九不离十吧！它的意思是泡沫塑料，也就是包装电器的那种碎了之后能变成一粒粒的白色家伙，学名是泡沫聚苯乙烯。

看来这既考验你的英文和日文水平，同时也考验你的化学专业知识水平了。

▶如果看到一个垃圾桶上标注着“CORRUGATED PAPER”，英文不是很好的，大概就只知道后面那个单词是“纸”的意思。不过那个图案倒是非常明白，就是一个纸壳箱，所以这个英文的意思就是瓦楞纸了。

瓦楞纸？哦，这个你一定要搞清楚，因为纸壳箱中间那层纸的形状是波浪状的，也就是跟过去盖房子用的瓦的形状相似，所以才

叫瓦楞纸。

▶如果看到“PLASTIC”字样，上面还画着香烟等图案，这个还是塑料制品的意思，不过有别于PET那类。

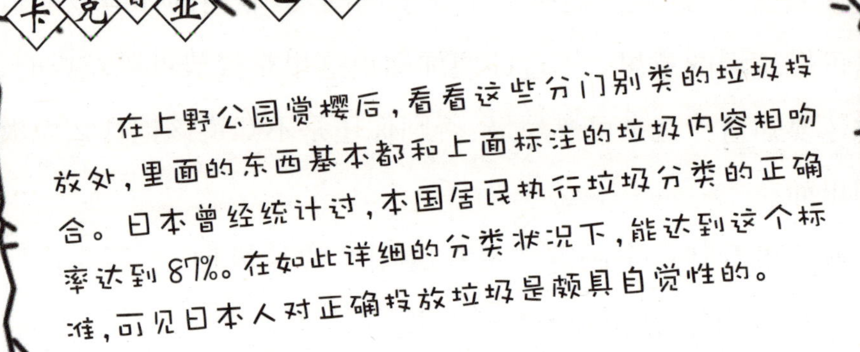

人在旅途，如何处理垃圾

在日本的繁华街道上，你甭想见到垃圾桶的身影。可是如果上了高速公路，垃圾该如何处理呢？你可能会抱怨：“没有垃圾投放处，未免太不人性化了！”其实你完全不用担心！考虑到高速公路上不仅有本国居民，还有很多来自世界各地的游客，所以在高速公路上（附近）的垃圾投放处不仅有图案，还有日、英、中、韩四种文字做标注。而且这里使用的中文文字尽可能不用专业词汇，而是通俗易懂的文字，让人一目了然。只要认识汉字，哪怕你对化学原料一窍不通，也能清清楚楚、明明白白地知道如何正确投放垃圾。比如之前提到过的“PET BOTTLE”就直接翻译成了“塑料瓶子”，而“PLASTIC & VINYL”，也就是乙烯基塑料这种专业性的词语，则直接翻译成了“塑料“物质”。

嗯，这样一来，是不是再清楚不过了？

这一方法的确方便了中国游客，不过这些垃圾投放处上面的英文标注和日文标注，却依旧使用了相当专业的词汇。

考虑到高速公路附近和公园赏樱过程中产生的垃圾的不同，这些分类设置也有所不同。

卡克鲁亚笔记

在日本，一个用过的化妆品瓶子，要把瓶体、瓶盖，甚至外包装上的塑料袋，根据原材料的不同进行分门别类的处理。你不必担心搞不懂这些原材料的成分，因为在这些包装上都清楚地标明了这些物品原材料的成分，甚至连燃烧时是否会产生有害物质都详细地说明了。这些必要的说明甚至比标明厂家的电话更重要。

台场——垃圾残渣上的娱乐场

在日本，垃圾经过分类处理后变废为宝，有用于火力发电，有用来建设蒸汽游泳池。从垃圾里提取金属成为原材料，投入到再次制造之中，最后就连剩下的垃圾残渣，也被用来铺路或填海。日本有个著名娱乐区——台场，有一半是靠垃圾填出来的！

作为一个本土面积不大的岛国，日本的可用地显得不是那么宽裕。填海造地，对扩大土地的使用面积无疑是一个不错的选择。然而填海是需要原料的，这也不是一个小问题，于是日本人就把垃圾残渣做了最有价值的利用——填海。

日本的垃圾处理站叫作资源循环站。垃圾在日本几乎做到了百分之百的回收，这不仅仅是依赖先进的科学技术，更是依靠全民的自觉性。

日本最大的媒体集团富士产经集团的核心企业——富士电视台的所在地，竟然是用垃圾残渣填海的成果，很难想象吧！

富士电视台的总部位于东京都东南部东京湾的一片人造陆地上，这片人造陆地就是有名的台场，又叫御台场。

台场是一个颇受人们欢迎的娱乐场所集中地。从可供人们参观电视节目制作的富士电视台，到面积达1.5万平方米的日本最大美食城，拥有最先进音响和影像设备的大型综合电影院，以及长300米的流行服装街，还有海滨公园……这里无疑是年轻人青睐的场所。

台场地区的彩虹大桥、调色板城和大摩天轮等场景，经常被拿来当作电影和电视剧的拍摄场景，这些景点通过电影和电视剧的播放，在人们心中留下了颇为深刻的印象，也更好地促进了台场作为旅游景点的发展。

尽管日本的各个办公场所都是寸土寸金，但没有一家企业会让垃圾箱的占地缩水。在各个写字楼的楼道里，整齐地摆放着一排干干净净的垃圾桶，严格地区分着各种垃圾的丢弃方式。正是如此严格的控制垃圾的方式，让日本人年均垃圾产量只有410千克，是世界上最低的。

起死回生之再生纸

所谓的再生纸，就是用废纸做原料，经过分选、净化、打浆和抄纸等十几道工序后，生产出来的纸张或纸类产品。

你可别因为再生纸的“出身”不好，就瞧不起它，它的使用效果并不比木浆纸差，而且还有一个突出的优点，就是有利于视力健康！这一点，你没想到吧？

当今，整个世界都在提倡环保，再生纸的使用早已深入人心。像一些环保力度相当大的国家，人人都以使用再生纸为荣。有些人随身携带的名片，都是用再生纸印制而成的。

有利于视力健康的再生纸

在解释这个问题之前，先要给你普及一点常识。你可能早知道一个词——环保纸，是不是以为这就是再生纸了呢？如果你这么认为，那就大错特错了。环保纸和再生纸并不是一回事儿。

所谓的环保纸只是市场上的一个统称，那些以木浆及草浆为

原料生产出来的纸张也叫环保纸。也就是说，环保纸不一定是再生纸。

而再生纸的原料则是废纸，而且在生产过程中不添加任何增白剂和荧光剂等化学制剂，所以再生纸的颜色看起来就是有点微黄的原色。环保纸和再生纸的区别，就是原料不同。

由于没有添加增白剂和荧光剂，所以再生纸看起来就更加显出了纸张的本色之美。也正因为它没有添加增白剂和荧光剂，所以不反光，有利于保护人们的眼睛。

其实很多人对纸张的颜色都有一个误区，总以为纸张的颜色越白，对眼睛越好，但实际情况并不是这样的。经过科学检测，纸张越白，在日光灯下的反光性就越强，对人的视力就越有害。

适合人类眼睛的纸张的最佳白度，国际上的通用标准是这样的：白度不应高于 84 度。原木浆纸的白度有 95 度到 105 度之高，但再生纸的白度仅为 84 度到 86 度，而当前国际上最流行的再生纸则为 83 度。

使用再生纸，既保护了地球，也保护了眼球。

欧洲和日本在很多年以前，就已经普遍使用再生纸作为办公用纸和学习用纸了。

卡克鲁亚笔记

再生纸一般可分为两大类，一类是挂面板纸和卫生纸等低级纸张，另一类则是书报杂志、复印纸、打印纸，以及明信片和练习本等用纸。再生纸原料的80%来源于回收的废纸，因而属于低能耗、轻污染的环保型用纸。当今世界，每天都有各种各样的废纸产生，特别是在城市中，如果都能加以回收利用，可以省下大量的木材，对保护环境而言，真是一件大好事啊！

使用再生纸就是绿化这个世界

这句话应该不难理解吧？即便你不是很理解，看到下面的数字，自然而然就全明白了。

调查显示，1 吨废纸能制造 850 千克再生纸，这就相当于少砍了 20 棵大树，节约用水 100 吨，节约用煤 1~2 吨，节约用电 600 度，而且还减少了 50%的水污染。更重要的是，因为省去了造纸前期的几道工序，不会产生污染最为严重的“黑水”。

上面说的是制造再生纸的相关情况，现在再让你看看制造原木浆纸的情况吧！制造1吨原木浆纸，就要砍伐树龄20~40年的大树20棵左右。看到这个数字，你是不是已经感受到“使用再生纸就是绿化这个世界”的含义了？

倘若将世界上所有用过的办公纸张的一半回收利用，就能让800万顷森林免于被砍伐的命运。

根据环保组织的统计，和生产1吨原木浆纸相比，生产1吨再生纸，可减少11吨左右的二氧化碳排放量。

相对质量比较好的废纸，如办公用纸、胶版书刊以及装订用纸等，都是生产再生复印纸的好原料。当然了，生产好的再生纸所要求的工艺和技术含量也是很高的，像筛选、除尘、过滤和净化等工序都是必不可少的。

相对于办公类用纸，纸板、纸箱、包装纸袋和卫生纸等生活用纸的再生纸工艺和技术，则比办公类用纸相对简单些。

再生纸的质量疑问

一般人认为纸张在循环的过程中，会造成纤维结构的损坏，让纸张的整体强度有所减弱。不过后来经过反复研究发现，纸张即使经过 6 次循环，纤维长度的改变也是很小的，这就说明一个问题，倘若纸张在循环中，纤维结构遭到严重破坏，一定还存在着其他原因。

研究显示，在干燥过程中，纸浆的表面面积会收缩，降低结合能力，这通常出现在化学性纸浆上。相反，在纸张的循环过程中，机械纸浆内的木质素则会被胶纸化，让结合能力和弹性都有所增强，使纸张整体强度有所增强。

总之，只要在工艺和技术上不断探索和研究，不断改良，总是有办法将循环再生纸的质量和原木浆纸的质量拉近的。

例如，我们可以在化学浆中加入添加剂，或者用化学处理的办法，将纸张的强度增强。尽管由于循环再生纸原料中存在的油墨和污迹没有办法完全去除，让再生纸的光亮度随着再生纤维的增多而逐渐减少，但这些也是可以根据需要，通过添加颜料或者进行不同程度的漂白来改进的。

有研究表明，纸张内的循环纤维增加时，纸张强度也会不断下降，但是当循环纤维成分超过一定程度时，纸张的强度反而会上升。

支持环保，选择再生纸

因为是再生纸，你是不是就以为它的价格理所应当比原木浆纸便宜呢？事实并非如此。

先别急着问为什么，听卡克鲁亚博士给你简单解释一下，你就会恍然大悟了。原因也不复杂，因为再生纸的技术含量高，所以制造它的成本就比原木浆纸要高。

可以很多人因为再生纸的“出身”问题，总是从心理上认定它一定要比原木浆纸便宜，倘若它的价格比原木浆纸贵，就会放弃选择使用它。这样的结果就是让很多再生纸厂家无法继续生存下去。

人们的陈腐观念确实需要改一改了！

为了我们共同的生存环境，即便再生纸的价格稍微高一些，人们也该做出些许“牺牲”。如果没有了良好的环境，即便有再多钱，又有什么用呢？

我们应该把目光放长远，不能总是从小处着眼，最后让那些勇于进入环保产业的人不得不放弃这种正确的选择。

当然，对再生纸制造技术的研究也非常重要，只有技术和工艺变简单了，才能降低再生纸的成本。然而在再生纸的成本下降之前，请给它们一个生存空间吧！毕竟再生纸既可以减少垃圾产出，减少环境污染，又可以保护很多森林不被砍伐啊！

起死回生之再生塑料

废旧塑料是一种易于加工的材料，通过机械粉碎预处理，或经过熔融造粒和改性等物理、化学方法，就可以完成对废旧塑料的再次利用，这就是再生塑料。

再生塑料的好处当然是资源的可循环利用，能达到节能环保的目的。和再生纸比原木浆纸造价高这点不同，再生塑料有着比新塑料造价便宜的大优点。尽管再生塑料的整体性能不如新塑料，但同样能满足那些性能要求低的产品。

变废为宝

在之前的章节里，卡克鲁亚博士讲了很多塑料的“坏话”。其实塑料虽然造成了污染，但它毕竟也有很多用途。让人们完全放弃使用塑料，简直就是不可能的。

塑料拥有良好的加工性能，很容易成型，所以为了避免让它们成为垃圾，让自然难以“消化”，或者在垃圾焚毁的过程中产生污染，再次利用才是一个最好的选择。

其实，再生塑料和造粒塑料还是有着很好的前景的。一个生产农用膜的厂家，一年所需要的聚乙烯颗粒至少要在1 000吨以上，而一家中型制鞋厂，一年所需的聚氯乙烯颗粒也要在2 000吨以上。就算是小一点的企业，一年也需要500吨以上。从这些数字不难看出，塑料颗粒的缺口还是很大的，所以说再生塑料还是有着相当不错的前景的。

废旧塑料相对来说是比较容易收购的，只要我们别嫌麻烦，把使用过的废旧塑料送到废品收购站，也算是为环保做出了一点点贡献。

你可千万别想着“反正也卖不了几个钱”，就将废旧塑料扔到垃圾箱里。能给这些废旧塑料找到一条“再生之路”不是更好吗？如果扔进垃圾箱，也许在填埋后的一两百年，甚至上千年也“消化”不了，或者它们在焚烧后，还会产生有毒物质，释放到大气中。

卡克鲁亚笔记

在日常的生产生活中，废旧食品袋、凉鞋、电线、线板、农用膜、管、桶、盆、打包带等各种废旧塑料制品，都能再加工，生产出塑料原料，再经特殊的工艺和配方，用于制造机器零部件、水管、农机具、包装袋、水泥袋等，还可代替部分木制品，甚至可用于制造各种塑料袋、桶、盆、玩具等塑料制品。

关于再生塑料遇到的麻烦

在回收利用废旧塑料时，分类无疑是一个大麻烦，这就导致了经济上的不划算。

之前也谈过一些关于垃圾分类的问题，目前中国的大多数城市，垃圾分类做得还不够详细。如果能从根源上做到分类细化，也就能够达到回收分类的细化，这样就可以从根本上解决因再利用生产中产生的分类麻烦所导致的经济上的损失了。

塑料原本由石油炼制而成，而石油资源是有限的；这些塑料制品被埋到地下几百年甚至上千年都不腐烂，和这两点比起来，分类这件事不就是小麻烦了嘛！

几种塑料的再生演变

▶ 聚氯乙烯(PVC)再生后，颜色改变比较明显，一次再生后会带有浅褐色，三次再生之后则几乎变成不透明的褐色。比黏度在第二次再生时没有改变，但两次以上则有下降倾向。不论是质地硬的聚氯乙烯，还是质地软的聚氯乙烯，再生的时候都应该加入稳定剂，这样可以让再生制品更具光泽。

▶ 聚乙烯(PE)再生后，所有的性能都有所下降，颜色也变黄。经多次挤出后，高密度聚乙烯的黏度趋于下降，而低密度聚乙烯的黏度反而上升。

▶ 聚丙烯(PP)在第一次再生时，颜色几乎不变，熔体指数也会上升；在两次以上再生后，颜色就会加重，熔体指数仍上升。尽管聚丙烯再生后的断裂强度和伸长率有所下降，但并不影响使用。

▶ 聚苯乙烯(PS)再生后颜色变黄，故再生聚苯乙烯一般需要

进行差色。聚苯乙烯再生后，各项性能的下降程度与再生次数成正比，断裂强度在掺入量小于 60%时，无明显变化，而极限黏度在掺入量为 40%以下时，无明显变化。

▶ 丙烯腈－苯乙烯－丁二烯共聚物（ABS）再生后，颜色变化较为显著，但掺入量如果不超过 20%~30%，性能无明显变化。

▶ 尼龙的再生也存在变色和性能下降的问题，掺入量以 20%以下为宜。尽管尼龙的再生伸长率下降了，但弹性却有增加的趋势。

宇宙不该是垃圾场

人类和这个世界上的所有生命一样，都会存在一个自然新陈代谢的过程，产生垃圾不可避免。但是随着人类各项超越自然的技术发展，各种不易被自然消化的垃圾也随之产生。人类所到之处，都会产生五花八门的垃圾产生，人类所触及之处，也同样会留下被丢弃的无用垃圾和有害垃圾。

当地球不再是人类发展的唯一空间，当人类开始“走出”地球，飞向太空，在带来巨大的科技和经济发展的同时，人类也不可避免地在太空留下了“人类的痕迹”——垃圾。

碎片？垃圾？

先让我们看看太空垃圾究竟是个什么概念。

在地球之外的宇宙空间，除了正在工作着的航天器，如卫星、空间站以及飞上太空的飞船之外，其他所有的人造物体都属于太空垃圾。

太空垃圾是我们对这些人造的、报废的东西的俗称。用航天专业术语讲，这些在太空中漂浮的东西，被叫作轨道碎片或空间碎片。

“碎片”听起来似乎要比“垃圾”好听些，不过这也掩饰不住这些数量众多的碎片对太空的污染，以及它们对运行的航天器的潜在威胁。据科学家研究表示，仅和大于10厘米的太空垃圾碰撞，就有可能毁掉正在运行的航天器。

这些碎片都包括什么呢？

从运载火箭和航天器发射过程中产生的碎片到报废的卫星……别惊讶了，我们都知道这个世界上的所有有机和无机的物质都是有寿命的，人造卫星也和家里的电视一样，有着它自己的使用寿命。只不过电视机报废了，最后的命运无非是成为地球上的垃圾，而人造卫星即便“死掉”了，也依旧在很长的一段时间里，

按照原来的轨迹运行着。

除了人造卫星这个很完整的碎片之外，还有哪些太空垃圾呢？

那可太多了！即便是那些还在工作的航天器，表面也会发生脱离现象，比如表面涂层的老化导致表面油漆掉落，航天器出现逸漏状况时排出的固体和液体材料，也会继续漂浮在太空中。当然，还有火箭或航天器因为爆炸和碰撞产生的碎片……真是林林总总，五花八门。

看到这些，你是不是觉得太空中的这些人造物也给宇宙带来了大麻烦！

圆梦之旅的遗留问题

从古至今，人类飞天的梦想一直没有停止过。但当人类把自己制造的东西送上天，直到把人类送上太空时，却也把原本只属于地球上的东西带上了太空。

1957 年，苏联将人类第一颗人造卫星送上太空，此后的几十年中，人类向太空执行了超过 4 000 次的发射任务。人类在实现梦想的过程中，也给太空留下了大量的废弃物。虽然有一些物质会在落入大气层时燃烧掉，但还是有大量的太空垃圾就那么留在了轨道上。

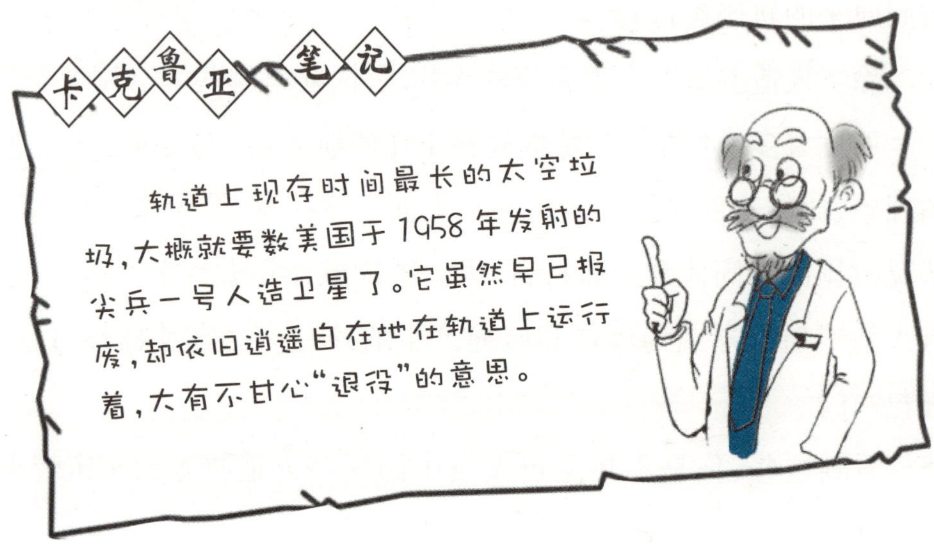

现状

据美国宇航局(NASA)统计，地球轨道上大约有4 000个正在运行的或已经报废的人造卫星及火箭残骸，此外还有大约6 000个可以看到并已对其进行跟踪的太空垃圾碎片。而那些直径超过1厘米的轨道碎片，更是多达20万个。这些物体大多数都以每小时20 000千米的速度在轨道上运行着。

每小时20 000千米，想想这是多么快的速度！太空碎片的速度简直不能相提并论。那些卫星、航天飞机还有空间站，真是要时时提防着这些太空垃圾了。

截止到2009年，美国有数据统计，在地球轨道上运行工作着的人造卫星有905颗，其中美国443颗、俄罗斯91颗、中国54颗。在赤道上空，高度为35 860千米的地球同步轨道上的卫星多达366颗，而在700~20 000千米上空的近地轨道上，更是多达442颗。

看来不仅地球上的住房紧张，赤道上空卫星的“住房”也不宽裕。如此拥挤的空间，让人不由得为那些卫星们的安全担忧。

另据 NASA 官方负责监测太空碎片的部门给出的数据，近地空间大多数的大型太空垃圾属于俄罗斯及苏联解体后独立出去的那些国家，共有 5 833 颗，其中卫星 1 402 颗，运载火箭残骸 4 431 个。美国排在第二位，共有 4 824 个大型太空垃圾，包括 1 125 颗报废卫星和 3 699 个运载火箭残骸等碎片。而中国制造的太空垃圾超过 3 388 个，有 88 颗报废卫星和 3 300 个其他碎片。

太空垃圾在给航天事业带来巨大隐患的同时，也对宇宙空间造成了污染。同样，对地面而言，这些东西也并不安全，倘若有核动力的发动机脱落，就会导致放射性污染。美国和苏联在空间核反应堆中，就有 1 吨铀 -235 及其他核分离物。

很多人大概都听说过“铀浓缩”这个词，但未必知道它的具体

含义。铀 -235 是制造核武器的主要材料之一，但在天然矿石中，铀的三种同位素共生，其中铀 -235 的质量分数非常低，大约只有 0.7%。只有把同位素分离出去，不断地提高铀 -235 的丰度，才能达到制造核武器的标准，而这一过程就叫作“浓缩”，这就是所谓的“铀浓缩”。

有意无意之间……

这些以每小时 2 000 米的速度运行着的太空垃圾，都是怎样留在那里的呢？

说起来还真有点惊讶，因为很多垃圾并不是无意或者不得不造成的，而完全是有意造成的。

这就不得不提到一个对现如今的年轻人来说很陌生的词——冷战。就是在冷战时期，美国和苏联在太空进行一些暗暗的较量。尽管那时候看起来以美苏为首的两个阵营彼此对峙，好像并没有太大的动作，然而在太空中，却有一些不是士兵对士兵的“暗战”。仅苏联就曾进行过 19 次星拦截和爆炸试验，这些行动给太空留下了 500~1 000 块大小不一的碎片。

当然，无意而为造成的垃圾也不少。例如在 1973 年，美国就有 7 枚火箭在轨道上发生爆炸。20 世纪 80 年代，欧洲发射的阿丽亚娜火箭刚刚进入轨道就发生了爆炸，造成了 564 块大于 10 厘米的碎片以及 2 300 多块小于 10 厘米的碎片。

还有就是宇航员们的疏忽大意造成的。1982 年，苏联宇航员瓦伦丁·列勃捷夫在一次例行的太空行走时，当他打开空间站的减压舱门，由于近乎真空的太空具有巨大的吸力，一下就把宇航员们不小心留在减压舱里的螺栓、垫圈，还有一支铅笔，统统吸入到太空中。这些小零件和铅笔就成了“漫游太空”的垃圾。

这支铅笔很委屈——明明我就是有用的，怎么就一下成了垃圾呢？错都是人犯的，却让我背上了“垃圾”之名。

如果说这还只是一次失误的话，在那之前，苏联的一些宇航员

们还把太空中的生活垃圾随便丢入太空，这恐怕就不是什么失误了。

人们还发现，有一只美国宇航员丢失的手套竟然在太空中飘荡了 20 多年，也不知道这只独自进行“太空漫步”的手套是幸运的呢，还是不幸的呢？

不管它是什么东西，只要在太空中随便“溜达”，就是太空垃圾。

还有那些报废的卫星和火箭助推装置的残骸。报废的卫星虽然不再起作用了，但它们还是继续在轨道上飞行几十年，甚至几百年，直到飞不动了，才重返大气层，在与大气层的摩擦中烧毁。

在近地太空中漂浮着许多火箭的残余部分。火箭在发射过程中会逐级脱离，最先脱离的末级残体和散落下来的发动机以及各种衔接部位的零件，都会留在这个空间里。

这些大型的太空垃圾彼此之间也会发生碰撞，就好比在宇宙中发生了“交通事故”一样。

在 20 世纪 60 年代以前，没人听说过太空坠落物，但自 1973年之后，每年都有数百块太空垃圾坠落地球。只是由于这些东西在经过大气层时，与空气产生了急剧摩擦，使这些垃圾在燃烧中自我“销毁”了，才没有机会伤到人。

感谢大气层吧！在它的保护下，我们才没有被这些来自太空的、人类制造的垃圾砸中！

太空垃圾曾经还制造过“乌龙事件”。加拿大某气象台曾经宣布发现英仙星座附近有天体爆炸，后来才发现，这只是一颗报废的人造卫星在太阳光反射下造成的效果。

1987年，太空中曾发生过因连接器没拧紧，导致“量子”舱无法同“和平”号对接的情况。地面控制中心认为舱外有物质干扰对接，于是派一个考察组上去检查，结果发现那里有一个金属残片。

如何对付太空垃圾

面对日渐增多的太空垃圾，全世界有责任心的航天人都在思考着，如何才能解决这个问题。

这些在轨道上运转的家伙，不仅没用，还有发生碰撞的危险。不想想办法，终究是个麻烦！

减少产出和实时监控

和对付地球上的垃圾一样，对付太空垃圾，首先能做的就是减少垃圾的产出。如果可以的话，尽量把损坏的卫星用航天飞机带回“老家”，以减少运行轨道上的大件垃圾。

对于那些不适合带回地球的报废卫星，可以将它们推到其他轨道上去，避免它们和正在工作的卫星来个极度“亲密”的接触。

还有一些科学家提出是不是可以使用激光武器，将这些太空垃圾在太空直接销毁。不过这个办法是否会给太空带来新的污染呢？这个问题还是留给那些专家去研究吧！

对于那些回收困难的大型太空碎片，一些国家则利用监测导

弹和间谍卫星的系统，来对这些轨道上的大家伙进行监测。美国和俄罗斯就对太空里的这些大家伙进行了“登记造册”，实时监测它们的“一举一动”。

每天有各种监测器对太空中的这些废弃物进行十几万次的观察，比如雷达。不过这些监测仅限于大一点的太空垃圾，而对于那些小于 10 厘米的废弃物就不管用了，简单地说，就是“看不见”。

这一状况直到 1984 年才有所改变。这一年，科学家采用取样调查的方法，对这些“小家伙”进行了详细的分析。现如今，一些发达国家的科学雷达已经可以探测到两毫米大小的物体了。

你可以想象一下，从地球到太空，如此遥远的距离，能“看

到”一个比米粒还小的东西，就好比你把一个米粒送上太空，结果还是被人看到了一样。怎么样？科学技术真的很厉害吧！

尽管现如今，卫星的发射数量有所减少，而监测技术也在日益提高，但是如何对付已经形成的太空垃圾，还是一个不易解决的问题。

能躲开太空垃圾的“袭击”吗

因为太空垃圾太多，为了躲避这些撞上就是大麻烦的家伙们，国际空间站的位置就要做出调整。如果监测到哪个报废的卫星或者火箭残骸有靠近国际空间站的迹象，必要的时候，就要本着“惹不起还躲得起”的原则，赶紧“闪人”。否则一旦撞上，后果不堪设想。

移动空间站可不像我们想象的那么简单，如果这时候恰好有一架飞船和空间站对接，那么就可以利用飞船的动力来移动空间站。

不过倘若没有飞船在，空间站该怎么办呢？要知道这些太空垃圾的飞行速度是很快的，一旦国际空间站遭到撞击，就有可能受损。在离“家”那么远的地方，空间站里的宇航员又该怎么办呢？

为了避免太空垃圾对国际空间站造成损害，在国际空间站工作的两名俄罗斯宇航员曾经专门出舱，在历时 5 个多小时的太空漫步后，为由俄罗斯建造的太空舱外面安装了 5 个金属遮蔽罩。这些铝制遮蔽罩，每个重 9 千克，宽 0.6 米，长 0.9 米。你可别小看这些并不是很大的东西，它们能大大提高空间站抵抗太空垃圾的撞击能力呢！

这也算是给空间站穿了个“防弹衣”吧！

大家都来想办法

对于太空垃圾的问题，人类必须想想该怎么办。当然，发达国家更应该负起责任，毕竟这些太空垃圾，绝大多数都是由技术发达的国家送上去的。

如何处理太空垃圾？美国宇航局提出的方案就是想办法“干

掉”,也就是利用新技术,向太空中的垃圾射击。通过把大气气体脉冲发射到碎片的必经路线上,让太空垃圾的摩擦力增强之后,使其坠落进大气层。

如果这个办法真的可行,你不必担心这些东西会掉下来砸到你,因为在途经大气层时,这些东西会在和大气的摩擦中燃烧掉,真正能落到地面上的少之又少。

英国人对待太空垃圾,则是想尽办法将那些报废的卫星安全地带回到大气层,让它们在空中烧尽,这也算是一种避免产生太空垃圾的办法了。他们的这项技术还能将小卫星送到更远的太空,这样就避免了近地太空的卫星轨道上过于拥挤。

这点不难理解,因为人造卫星的轨道高度都是差不多的,少的时候还好说,一旦卫星多起来,运行轨道就显得拥挤了。

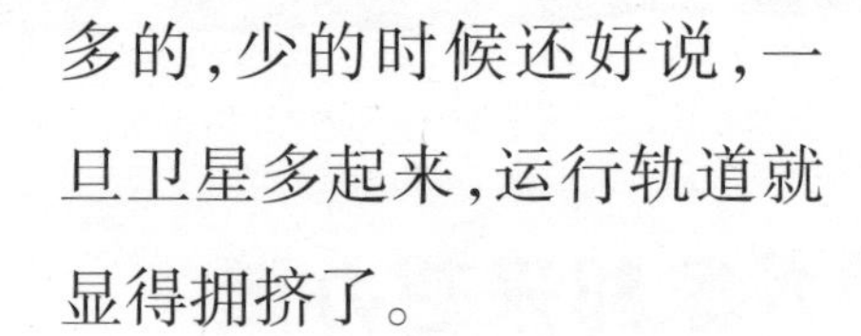

好奇的你也许会问:“为什么卫星要扎堆在一起?”那是因为太空也有“地形优势”,只有某些位置才适

合卫星工作。

在对待太空垃圾这件事上，俄罗斯航天署则拟定开发一种名为“扫除者”的航天器，用来清除那些地球同步卫星轨道上的大型太空垃圾，也就是报废的卫星和火箭助推装置之类。面对拥挤的卫星轨道，这项新技术的开发的确是件不容易的事。

按照计划，这个叫“扫除者”的航天器本身约有4吨重，可在不超过6个月的时间内，带走10个报废卫星或火箭助推装置。而“扫除者”单台预计的使用期限能达到10年。

关于“扫除者”的工作方式，专家是这样解释的：它在接近报废卫星后，先“抓住”，然后再送到更高的轨道去，也就是送到距离地球更远的轨道。这样这些太空垃圾就不会再影响其他航天器的飞行了。或者它还可以把这些报废的家伙从轨道上推开，向着地球的方向送回来，然后把它们送进太平洋深处。

与此同时，瑞士的科学家也没闲着，他们计划研发一种类似家

用吸尘器的打扫卫星，对外层空间进行一次“大扫除”，对那些废弃的卫星和火箭残骸进行清理。而这个打扫用的卫星就命名为清洁太空一号。如果这个用来“打扫卫生”的卫星正式升空，那么它的第一个任务就是把 2009 年和 2010 年发射的瑞士卫星进行“回收”。

清洁太空一号预计造价1000 万瑞郎(约合人民币 6 856.4 万元)，将于 2015 年至 2017 年内发射。

在对待太空垃圾这件事上，日本则在本州岛冈山县设置了一台远程控制雷达，并从 2011 年 4 月 6 日起开始对太空垃圾的移动进行跟踪。这是世界上第一台专门用来监视太空垃圾的雷达。之前也说过，虽然有些国家已经对这些太空垃圾进行了监测，但多是“借船出海”，用的是军用雷达。

日本专门用来监测太空垃圾的雷达能测定直径为 1 米，高度为 600 千米的物体的位置，而且同时能对 10 个这样的物体进行跟踪。

2005 年 3 月初，“中国科学院空间目标与碎片观测研究中心”在中国科学院紫金山天文台正式成立。该中心将积极研发空间目标和碎片的探测识别技术，为中国在空间航天领域建立起安全的预警系统。该中心的前身为成立于 1957 年的“中国科学院人造卫星观测研究中心”。

西伯利亚上空的大碰撞

2009 年，美国东部时间 2 月 10 日临近正午时分，北京时间 11 日临近零点时分，在西伯利亚的上空，一颗正常运行的美国人造卫星和一颗俄罗斯报废的军事卫星发生了"正面冲突"，它们在太空中相撞！

这是有史以来第一次发生在太空中的在轨卫星的完整大碰撞。

两个主角

这次大碰撞事件的主角之一——"宇宙 2251"卫星，曾经是俄罗斯军队和政府通信系统的一部分，重约 900 千克，于 1993 年从俄罗斯西北部的普列谢茨克发射场升上太空。它在 1995 年就已经报废，是名副其实的太空垃圾。

这次事件的另一个主角则来自美国，是位于马里兰州的一家私营公司——美国铱星公司发射于 1997 年的商业通信卫星——"铱 33"卫星，重约 560 千克。这家公司拥有 66 颗卫星组成的卫星网络，以提供通信服务为主，而美国国防部则是他们最大的客户之一。

两个家伙的相撞，导致由正在工作的“铱 33”负责的卫星通信中断，而撞击产生的大量碎片就散落在太空中。

尽管美国铱星公司声称这是一起概率极低的事件，但是造成的影响却是不容小觑的。

此次撞击事件发生在近地轨道范围。近地轨道也被称作低地轨道，是指高度在距离地面 2 000 千米以下的近圆形轨道。通常情况下，这一轨道上的气象卫星和通信卫星较为密集。

为什么会相撞

发生这次史无前例的美俄卫星相撞事件后，究其原因，美国方面表示，关于太空的问题，各国之间缺乏合作。

当然，俄罗斯方面有关专家也提出了自己的观点，他们认为，美国没有及时地发出预警。因为在俄方看来，“铱33”尚属正在运作的有效卫星，遇到突发事件，理应及时对运行轨迹进行调整，以避免撞击。出于这种观点，俄方认为此次事件有可能涉及计算机或是人为的错误。

不过美国方面的看法当然不同，他们觉得发出这样的预警并非职责范围内的事。

虽然当时美国五角大楼的发言人承认此次卫星相撞，美方存在计算失误，但同时也表示，这次相撞“绝对是个意外”。

而美国太空总署表示，对太空残骸的追踪应该是国防部太空监视网络的责任，他们有责任向太空总署提出预警。对此，国防部方面则回应，太空垃圾多达近 20 000 件，对它们进行一一追踪，基本没有这个可能，所以无法预测这种相撞的事故。

出了这么大的事件，当然会出现“公说公有理，婆说婆有理”的现象。不过通过这次事件倒是提醒了人们，面对

太空中如此多的飞行器或者太空垃圾,有能力的国家或许应该彼此协作,这样对谁都好。

卫星相撞的影响

此次碰撞事件让人们意识到,就目前的状况而言,太空轨道还是显得太“拥挤”了。抛开正在运行的卫星不提,就是那些已经报废的太空垃圾,也够给太空“添堵”的了。

且不说卫星拥有者的经济损失,仅就太空垃圾这点,就是老的太空垃圾导致新的太空垃圾产生的最好例子。

卫星相撞产生的碎片,需要几个月的时间才能固定位置,这就让这种“不确定的状态”给太空的“交通安全”埋下了隐患。

卫星相撞所产生的碎片是无法预计的,有可能是几厘米,甚至几微米大小。如果这样的事件多发生几次,将给太空上正在工作的航天器带来很大麻烦。毕竟这些碎片的运行速度太快了,而航天器也处于运动状态,这就导致它们相撞时的相对速度更快,每秒可达到几千米,甚至几十千米。在这样的高速下,即便是极其轻微的碰撞,也会给航天器造成重大的损坏。

用一个更直观的例子做比喻:在太空中,这些高速运行的碎片哪怕只有一个小药片大小,一旦和人造卫星相撞,都可能将人造卫星撞成“残废”。

戏剧性的美国铱星公司

"铱星"的由来

在1997年到1998年期间,美国铱星公司发射了几十颗人造通信卫星。这些叫"铱星"的人造卫星主要用于手机全球通信。

为确保通信信号的覆盖范围以及获得更清晰的通话质量,设计者认为,这样的全球性卫星移动通信系统必须在天空上设置7条卫星运行轨道,而每条轨道上各自均匀地分布11颗卫星,借以组成一个完整的卫星移动通信星座系统。由于这样的设计看起来就像化学元素铱(Ir)原子核外的77个电子围绕其运转,因此该全球性卫星移动通信系统被称为"铱星"。

后来经过计算证实,设置6条卫星运行轨道就已经能够满足技术性能的要求了,因此该通信系统的卫星总数被减少至66颗,但还是按照之前的设计预想,习惯地称这个移动通信系统为"铱星"。这些"铱星"的质量在670千克左右,功率则为1 200瓦。这些卫星采取三轴稳定结构,每颗卫星的信道为3 480个,服务寿命可达58年。

在1987年,这样的设计理念可谓是够先进了。这个系统的最大特点就是通过卫星和卫星之间的接力来实现全球通信。那还是个"大哥大"的时代,有了这样的技术,就相当于把地面蜂窝移动电话系统搬到了天上。

这个设计想法在当时看起来的确不错。这个移动通信系统是铱星公司委托曾经在移动手机行业中有着响当当大名的摩托罗拉

公司设计的。

蜂窝电话也就是我们俗称的“大哥大”，为了能容纳大量用户，把每一个地理区域划分成许多的小区。它并不是采用单个大功率的发射器，而是在每一个小区由一个小功率的基站提供服务。因为

这些基站影响范围有限，因此同一个频谱就可以在一定距离外的另一个小区中再次使用。

这种全球性卫星移动通信系统可通过使用卫星手持电话机，通过卫星在地球上的任何地方拨出和接收电话信号。

然而看起来很美的“铱星”，却在市场上遭受了冷遇，因为价格太贵了！这导致用户最多的时候也只有5万多，而就公司的高额投入，只有用户达到50万，才能实现盈利。这就让铱星公司不得不背上巨额债务，且不说耗资50亿美元的投入，即便每年的系统维护费，没有几亿美元也是做不到的。不得已，公司欠下了30多亿美元的债务。如此巨额的债务，每月的利息就已经达到了7 000多万美元，公司前景很不乐观。

这所有的一切，让铱星公司从一开始就陷入了经济危机当中。最后，公司不得不申请破产保护，并于2000年正式破产，当时公司已背负40多亿美元的债务。

技术缺陷

让铱星公司陷入麻烦的绝不只是资金问题，因为尽管设计理念很美好，但铱星电话却存在着严重的技术问题——电话在建筑物内无法接收信号。天啊，那么贵的电话，竟然在室内或者车内还必须设置一个接收信号的天线，否则就要跑出去才能收到信号，实在是够麻烦的了！

如此严重的问题，不知道铱星公司当时是否知道，但是很多投资者却一下发现了问题所在。曾经有一家公司看中了这个项目，想给他们投资，但是当他们看到电话的相关演示时，却被使用该电话的前提惊到：使用这个电话，要求用户必须让自己处于电话天线和卫星之间没有任何障碍物的地方。这样让人跑来跑去的移动电话，还真成了名副其实的“移动”电话了。原本有意向投资的公司，当下决定不投资这个项目。

铱星的第二个问题就是电话本身过于笨重，而且使用前还要进行培训。电话有多重呢？454克！每部电话还附带整整一个背包的附件，而每一种附件的功能更是让人感觉云里雾里，很难理解。这样的电话，让用户怎么用呢？

铱星的第三个问题就是在和蜂窝电话网络连接时，需要适应不同的区域传输标准，而因此产生的转换成本，当然由用户自己承担。

简单来说，假如一个欧洲用户到美国和日本两地旅行，那么他需要三个电话卡才能和这三个地区的传输技术标准匹配，而每个电话卡的价格也实在不菲，从660美元到900美元之间不等。

另外，铱星电话的语音质量和传输速度在当时也远无法和蜂窝电话相比。这一系列问题让铱星电话不得不退出市场。

虽然铱星公司的电话没能轰动全球，但是他们的卫星相撞事件却的确是轰动世界了，毕竟这是人类制造的卫星第一次在太空相撞。

摧毁者

我们平时所说的导弹，主要是针对地面目标发起攻击，完成摧毁任务。如今，导弹已经不仅仅局限于地面了，随着反卫星导弹的诞生，导弹已经从地面飞向了太空。

反卫星导弹是什么

反卫星导弹就是用于摧毁卫星或是其他航天器的导弹。

反卫星导弹可以从地面或者水平的发射平台，向环绕地球轨道运行的卫星进行发射攻击。也就是说，它既可以从地面向目标发射，也可以在太空飞行器上对目标进行攻击。它的主要针对目标是军用卫星，尤其是那些在低轨道上进行侦查、搜集情报的间谍卫星。

说白了，这就是一场和敌对方的“暗战”，因为搜集情报的间谍卫星当然是不会公开“身份”的，而对这些卫星进行攻击或者是预备攻击这种事情，也多是不方便“公开”的。

反卫星导弹可自动发射并跟踪目标，通过引爆导弹的核弹头或者引爆常规弹头将目标摧毁，也可以利用导弹弹头直接和目标

相撞。

美国从 1978 年开始研发反卫星导弹，并于 1985 年首次成功地用其击毁了一颗在 500 千米轨道上运行的军用实验卫星。

这种机载反卫星导弹的长度为 5.4 米，直径为 0.5 米，质量为 1 196 千克。导弹上的红外探测器可探测到几百公里以外的卫星发出的红外辐射，并可以自动跟踪目标后将其击毁。

机载导弹的体积很小，所以不易被探测到。由于有精确的制导技术，让它对轨道高度低于 1 000 千米的卫星具有较强的攻击能力。

反卫星导弹的诞生过程

早在 20 世纪 60 年代初到 20 世纪 70 年代中期，美国就对核导弹在反卫星方面的应用技术进行了研究和实验，并曾经一度部署过“雷神”反卫星系统。但由于核武器的使用受到限制，以及可能给自己的卫星造成不利影响，核导弹反卫星计划最终被取消了。

从 20 世纪 70 年代中期，美国开始转向研制非核反卫星武器。美国国防部于 1978 年正式批准空军对反卫星导弹的研制。

美国的机载反卫星导弹由两极固体火箭发动机和寻的拦截器组成。当导弹由 F–15 飞机从空中发射，寻的拦截器与发动机分离后，在探测到目标并经计算处理后，再由周围的小型火箭发动机控制其飞行弹道，自动跟踪目标，直到最后以每秒十几千米的相对速度与目标碰撞。

经过了从 1984 年到 1985 年之间的 5 次飞行试验，美国的机载反卫星导弹于 1985 年 9 月 13 日，首次击毁了一颗在 500 多千米高轨道上的军用实验卫星。这次击毁行动对反卫星导弹的制导技术以及破坏机理来说，是一次实践的验证。

美国空军原计划于 1987 年，在兰利空军基地与麦科德空军基

地部署两个反卫星导弹中队，但由于各种原因，美国国防部在第二年年初宣布取消该项计划。

1983 年，美国提出了“战略防御倡议计划”，该计划重点研究的动能武器也可用于反卫星。到了 1993 年，“弹道导弹防御计划”取代了“战略防御倡议计划”后，以反导弹为目的的动能拦截武器的发展，则为推动反卫星导弹技术的发展提供了技术基础。

我们不对军事上的事做任何评价，但是那些反卫星导弹击毁的卫星残片却成了太空垃圾的一部分，这也是人类有意造成的太空垃圾的一种。